四川省"十四五"职业教育省级规划教材

高等职业教育系列教材

建筑构造与识图

丁陆军　宋良瑞　主　编
　　　　李　玲　副主编
　　　　万　健　主　审

中国建筑工业出版社

图书在版编目（CIP）数据

建筑构造与识图 / 丁陆军，宋良瑞主编；李玲副主编 . -- 北京：中国建筑工业出版社，2024.12.
（四川省"十四五"职业教育省级规划教材）（高等职业教育系列教材）. -- ISBN 978-7-112-30766-1

Ⅰ. TU22；TU204.21

中国国家版本馆 CIP 数据核字第 2025SX7982 号

本书根据教育部关于高职高专人才的培养目标及建筑企业对高素质技能人才的需求，依据国家现行规范、规程及技术标准编写而成，主要介绍民用建筑构造、建筑施工图的识读方法等，融入我国当前在建筑构造方面的新技术、新材料、新工艺。教材编排以项目为载体，通过任务驱动，基于工程过程，将传统的构造、识图两部分内容整合为 9 个模块，主要内容包括民用建筑构造基本知识、基础与地下室、墙体、楼板层和地坪、楼梯、屋顶、门和窗、变形缝、建筑施工图识图。

本教材可作为高等职业院校工程造价、建筑工程技术、工程建设监理、物业管理、房地产经营与管理等专业的教材，也可供土木建筑类其他专业、中职学校相关专业的师生及工程建设与管理相关专业的工程技术人员阅读和参考。

为更好地支持本课程的教学，我们向使用本书的教师免费提供教学课件，有需要者请与出版社联系，索要方式为：1. 邮箱 jckj@cabp.com.cn；2. 电话（010）58337285；3. 建工书院 http：//edu.cabplink.com。

责任编辑：刘平平　李　阳
责任校对：李美娜

四川省"十四五"职业教育省级规划教材
高等职业教育系列教材

建筑构造与识图

丁陆军　宋良瑞　主　编
李　玲　副主编
万　健　主　审

＊

中国建筑工业出版社出版、发行(北京海淀三里河路 9 号)
各地新华书店、建筑书店经销
北京鸿文瀚海文化传媒有限公司制版
北京市密东印刷有限公司印刷

＊

开本：787 毫米×1092 毫米　1/16　印张：13½　字数：334 千字
2025 年 1 月第一版　2025 年 1 月第一次印刷
定价：**49.00** 元（赠教师课件）
ISBN 978-7-112-30766-1
（43964）

前　言

　　建筑构造与识图是一门综合性、实践性很强的应用型课程，是土木建筑类各专业的主要专业课之一。编者在教材编写过程中注重培养学生的实践能力，以民用建筑的一般构造原理和常用构造方法为主，融入我国当前在建筑构造方面的新技术、新材料、新工艺，掌握民用建筑构造的基本原理和方法，进一步提高学生识读建筑施工图的能力。在内容上精心组合，以工程图纸为抓手，注重实用性，突出以学生为中心、以能力培养为本位的高等职业教育特色。

　　为使学生更加直观地理解构造特点，贯彻"项目引领、任务驱动"的理念，每个模块按照由浅入深的方式设置，并以二维码的形式配套丰富的数字资源，读者通过扫描书中的二维码，即可在课堂内外进行相应知识点的学习。

　　本教材由成都纺织高等专科学校丁陆军、四川建筑职业技术学院宋良瑞担任主编，成都纺织高等专科学校李玲担任副主编。具体分工为：模块1和模块2由成都纺织高等专科学校丁陆军编写，模块3和模块8由成都纺织高等专科学校李玲编写，模块4由四川建筑职业技术学院宋良瑞编写，模块7由成都纺织高等专科学校付娜编写，模块5和模块6由成都纺织高等专科学校刘继编写，模块9由四川省第四建筑有限公司唐忠茂编写，四川建筑职业技术学院万健对本教材进行审查并修改。

　　本教材在编写过程中得到了有关单位和参编院校领导和老师的大力支持，在此表示衷心的感谢。

　　由于编者水平有限，书中难免有不足和疏漏之处，恳请广大读者批评指正。

目 录

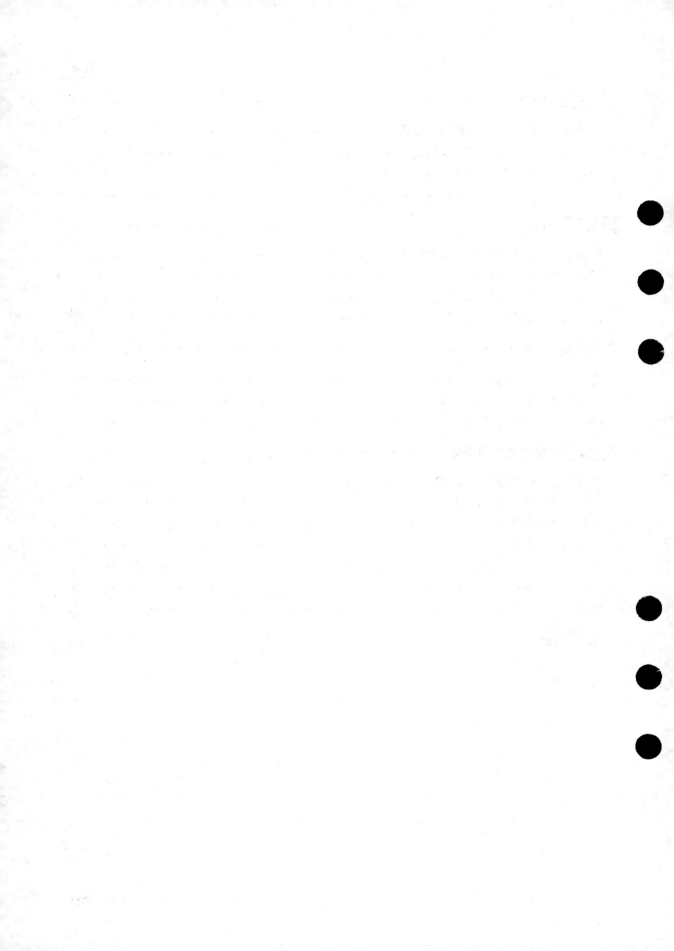

模块1

民用建筑构造基本知识

任务 1.1　建筑物的分类与等级划分

 任务概述

本节内容包括：建筑物的分类、建筑物的等级划分。

 学习目标

1. 掌握建筑的概念及其基本构成要素；
2. 熟悉和掌握民用建筑的分类、等级。

 任务分组

班级		组号		指导教师		
组长		学号				
组员	姓名	学号	姓名	学号	姓名	学号
任务分工						

 工作实施

建筑的产生与发展

1. 建筑的概念

引导问题 1：建筑是_____和_____的总称。

引导问题 2：建筑的构成要素包括_____、_____、_____。

2. 建筑物的分类

引导问题 3：建筑物按照使用性质的不同，通常可以分为_____和_____。

引导问题 4：民用建筑按层数分类可以分为_____和_____。

3. 建筑物的等级划分

引导问题 5：按建筑物主体结构的设计使用年限，二级建筑物的设计使用年限为_____。

引导问题 6：建筑物按耐火等级可分为_____级。

评价反馈

1. 学生进行自我评价，并将结果填入表 1-1-1。

学生自评表　　　　　　　　　　　表 1-1-1

班级：　　　　姓名：　　　　学号：				
任务 1.1	建筑物的分类与等级划分			
评价项目	评价标准		分值	得分
建筑的概念	掌握建筑物、构筑物的概念		10	
	熟悉建筑的基本构成要素		10	
建筑物的分类与分级	熟悉建筑物的分类原则		10	
	能准确判别建筑物的类型		20	
	掌握建筑物的分级		20	
工作态度	态度端正，无无故缺席、迟到、早退现象		10	
工作质量	能按计划完成工作任务		5	
协调能力	与小组成员、同学之间能合作交流、协调工作		5	
职业素质	能做到保护环境、爱护公共设施		5	
创新意识	能通过本小组工作任务，判断建筑物的类型		5	
合计			100	

2. 学生以小组为单位，对以上任务进行互评，将结果填入表 1-1-2。

学生互评表　　　　　　　　　　　表 1-1-2

班级：　　　　小组：					
任务 1.1		建筑物的分类与等级划分			
评价项目	分值	评价对象得分			
掌握建筑物、构筑物的概念	10				
熟悉建筑的基本构成要素	10				
熟悉建筑物的分类原则	10				
能准确判别建筑物的类型	20				
掌握建筑物的分级	20				
工作态度	10				
工作质量	5				
协调能力	5				
职业素质	5				
创新意识	5				
合计	100				

3. 教师对学生工作过程与结果进行评价，将评价结果填入表 1-1-3。

教师综合评价表　　　　　　　　表 1-1-3

班级：　　　　姓名：　　　　学号：				
任务 1.1	建筑物的分类与等级划分			
评价项目	评价标准	分值	得分	
建筑的概念	掌握建筑物、构筑物的概念	10		
	熟悉建筑的基本构成要素	10		
建筑物的分类与分级	熟悉建筑物的分类原则	10		
	能准确判别建筑物的类型	20		
	掌握建筑物的分级	20		
工作态度	态度端正，无无故缺席、迟到、早退现象	10		
工作质量	能按计划完成工作任务	5		
协调能力	与小组成员、同学之间能合作交流、协调工作	5		
职业素质	能做到保护环境、爱护公共设施	5		
创新意识	能通过本小组工作任务，判断建筑物的类型	5		
合计		100		
综合评价	自评（20%）	互评（30%）	教师评价（50%）	综合得分

📚 任务相关知识点

　　建筑是建筑物与构筑物的总称。供人们生产、生活或进行其他活动的房屋或场所都称作建筑物，如住宅、学校、办公楼、影剧院、体育馆等。构筑物是指人们不能直接在其内部进行生产、生活的工程设施，如烟囱、水塔、水坝等。

　　建筑的基本构成要素是建筑功能、建筑技术和建筑形象，通常称为建筑的三要素。

　　建筑物可以从多方面进行分类，一般可按使用功能分类、按层数或高度分类、按规模和数量分类、按承重结构所用材料或承重结构形式分类、按施工方法分类等。

　　耐久等级的指标是使用年限，使用年限的长短是依据建筑物的性质决定的，按建筑物耐久等级划分为四级。我国《建筑设计防火规范（2018 年版）》GB 50016—2014 中规定，9 层及 9 层以下的住宅建筑、建筑高度不超过 24m 的公共建筑、建筑高度超过 24m 的单层公共建筑、工业建筑等的耐火等级分为四级。

1.1.1　建筑的概念

　　建筑是建筑物与构筑物的总称。

　　建筑物是指供人们生产、生活或进行其他活动的房屋或场所，如住宅、学校、办公楼、影剧院、体育馆等。

　　构筑物是指人们不能直接在其内部进行生产、生活的工程设施，如烟囱、水塔、水坝等。

建筑的基本构成要素是建筑功能、建筑技术和建筑形象，通常称为建筑的三要素。

1.1.2　建筑物的分类与分级

1. 建筑物的分类

1）按建筑物的使用功能分

民用建筑、工业建筑、农业建筑和园林建筑。

建筑物的
分类

2）按主要承重结构所用的材料分

木结构建筑、混合结构建筑、钢筋混凝土结构建筑、钢结构建筑和其他类型建筑。

3）按建筑物的层数或总高度分

低层建筑、多层建筑、中高层建筑、高层建筑和超高层建筑。

4）按施工方法分

全装配式建筑，全现浇式建筑，部分现浇、部分装配式建筑，砌筑类建筑。

5）按建筑物的规模分

大量性建筑和大型性建筑。

2. 建筑物的等级划分

1）按耐久性能划分

建筑物的耐久年限主要是根据建筑物的重要性和建筑物的质量标准确定，并以此作为基建投资和建筑设计及选用材料的重要依据。耐久等级的指标是使用年限，使用年限的长短是依据建筑物的性质确定的。《民用建筑设计统一标准》GB 50352—2019 中对建筑物的设计使用年限作了规定。

2）按耐火性能划分

我国《建筑设计防火规范（2018 年版）》GB 50016—2014 中规定，9 层及 9 层以下的住宅建筑、建筑高度不超过 24m 的公共建筑、建筑高度超过 24m 的单层公共建筑、工业建筑等的耐火等级分为四级。

任务 1.2　民用建筑的构造组成及其作用

任务概述

本节内容包括：民用建筑的构造组成及其作用。

学习目标

1. 掌握民用建筑的组成及各部分名称；

2. 熟悉各组成部分的作用及设计要求；

3. 掌握定位轴线的划分及其编号原则。

 任务分组

班级		组号		指导教师	
组长		学号			
组员	姓名	学号	姓名	学号	姓名	学号
任务分工					

 工作实施

建筑物的
主要组成
部分

1. 民用建筑的构造组成

引导问题1：一幢民用建筑，一般是由_____、_____、_____、_____和_____等部分组成，它们在不同的部位发挥着各自的作用。

2. 各组成部分的作用及要求

引导问题2：_____是建筑物埋在自然地面以下的部分，承受建筑物的全部荷载，并把这些荷载传给地基。

引导问题3：_____是建筑物竖直方向的承重构件，其中_____既是承重构件又是围护构件。

3. 定位轴线及其编号

引导问题4：建筑物在平面中对结构构件（墙、柱）的定位，用_____标注。

引导问题5：横向定位轴线的编号用_____从_____顺序编写；纵向定位轴线的编号用_____从_____顺序编写。

评价反馈

1. 学生进行自我评价，并将结果填入表1-2-1。

学生自评表 表 1-2-1

班级：	姓名：	学号：		
任务 1.2		民用建筑的构造组成及其作用		
评价项目		评价标准	分值	得分
民用建筑的构造组成		掌握民用建筑的基本构造组成	20	
各组成部分的作用及要求		熟悉各组成部分的作用及设计要求	20	
定位轴线及其编号		掌握平面定位轴线及其编号原则	15	
		理解平面定位轴线的标定	15	

续表

工作态度	态度端正,无无故缺席、迟到、早退现象	10	
工作质量	能按计划完成工作任务	5	
协调能力	与小组成员、同学之间能合作交流、协调工作	5	
职业素质	能做到保护环境、爱护公共设施	5	
创新意识	能通过本小组工作任务,叙述学校建筑楼各组成部分及作用	5	
合计		100	

2. 学生以小组为单位,对以上任务进行互评,将结果填入表 1-2-2。

学生互评表　　　　　　　　　　　　　　　　表 1-2-2

班级:　　　　小组:

任务 1.2		民用建筑的构造组成及其作用				
评价项目	分值	评价对象得分				
掌握民用建筑的基本构造组成	20					
熟悉各组成部分的作用及设计要求	20					
掌握平面定位轴线及其编号原则	15					
理解平面定位轴线的标定	15					
工作态度	10					
工作质量	5					
协调能力	5					
职业素质	5					
创新意识	5					
合计	100					

3. 教师对学生工作过程与结果进行评价,将评价结果填入表 1-2-3。

教师综合评价表　　　　　　　　　　　　　　表 1-2-3

班级:　　　　姓名:　　　　学号:

任务 1.2	民用建筑的构造组成及其作用		
评价项目	评价标准	分值	得分
民用建筑的构造组成	掌握民用建筑的基本构造组成	20	
各组成部分的作用及要求	熟悉各组成部分的作用及设计要求	20	
定位轴线及其编号	掌握平面定位轴线及其编号原则	15	
	理解平面定位轴线的标定	15	
工作态度	态度端正,无无故缺席、迟到、早退现象	10	
工作质量	能按计划完成工作任务	5	
协调能力	与小组成员、同学之间能合作交流、协调工作	5	
职业素质	能做到保护环境、爱护公共设施	5	

续表

创新意识	能通过本小组工作任务，叙述学校建筑楼各组成部分及作用		5	
合计			100	
综合评价	自评(20%)	互评(30%)	教师评价(50%)	综合得分

 任务相关知识点

一幢民用建筑，一般是由基础、墙（或柱）、楼板及地坪层（楼地层）、屋顶、楼梯和门窗等部分组成。

基础是位于建筑物底部的承重构件，一般埋在自然地面以下，它承受着建筑物的全部荷载，并将这些荷载连同自重传给下面的地基。墙或柱是建筑物的主要承重构件，墙既是承重构件又是围护构件。楼地层是建筑物水平方向的承重构件。楼梯是建筑中楼层间的垂直交通设施，供人们日常上下楼层和紧急状态下安全疏散。屋顶是建筑物顶部的覆盖构件。屋顶既是承重构件又是围护构件，与外墙共同形成建筑物的外壳。门窗均属建筑配件，门主要用来通行与疏散；窗则主要用来采光和通风。门和窗均有围护和分隔作用。

建筑物在平面中对结构构件（墙、柱）的定位，用平面定位轴线标注，平面定位轴线应设横向定位轴线和纵向定位轴线。横向定位轴线的编号用阿拉伯数字从左至右顺序编写；纵向定位轴线的编号用大写的拉丁字母从下至上顺序编写。

1.2.1 民用建筑的构造组成

一幢民用建筑，一般是由基础、墙（或柱）、楼板及地坪层（楼地层）、屋顶、楼梯和门窗等部分组成，如图 1-2-1 所示，它们在不同的部位发挥着各自的作用。

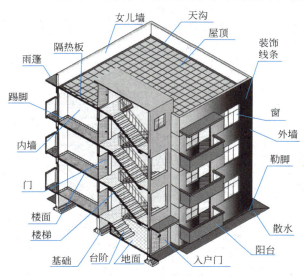

图 1-2-1　民用建筑的构造组成

1.2.2　各组成部分的作用及要求

1. 基础

基础是位于建筑物最下部与地基土层相接的承重构件,其作用是承受建筑物的全部荷载,并将这些荷载传给地基。因此,基础必须有足够的强度和稳定性,并能抵御地下各种有害因素的侵蚀,以保证建筑物的耐久性。

2. 墙或柱

墙或柱是建筑物的主要承重构件。墙既是承重构件又是围护构件,作为承重构件,墙承受着建筑物屋顶、楼板传下来的荷载,并将这些荷载连同自重传给基础;作为围护构件,外墙抵御自然界各种因素(风、霜、雨、雪及寒暑)对建筑物的侵袭,使建筑物的室内具有良好的生活与工作环境,内墙主要起分隔室内空间,创造舒适、方便的室内使用环境的作用。因此,要求墙体应具有足够的强度、稳定性,并满足保温、隔热、隔声、防水、防火等方面的要求。

3. 楼地层

楼地层是楼板层与地坪层的统称,楼板层与地坪层均是建筑物水平方向的承重构件,承受着家具、设备和人的重量,并将这些荷载传给墙或柱,同时楼板还对墙身起水平支撑作用。楼板层应具有足够的强度、刚度及隔声、防火、防水、防潮等性能。地坪层是建筑物首层与土层相接的部分,一般将其所承受荷载直接传给下面的支承土层。地坪层应具有坚固耐磨、防潮、防水等性能。

4. 楼梯

楼梯是楼房建筑的垂直交通设施。供人们平时上下楼层和紧急疏散时使用。因此,楼梯应具有足够的通行能力,且坚固耐久、防火、防滑。

5. 屋顶

屋顶是建筑顶部的围护和承重构件,由屋面和屋面板两部分组成。作为围护构件,屋顶抵御着自然界各种因素(风、霜、雨、雪及太阳辐射热等)对顶层房间的影响;作为承重构件,屋顶承受风、雪、上人和施工期间的各种荷载,并将这些荷载传递给墙(或柱)。因此,屋顶必须具有足够的强度、刚度以及防水、保温、隔热等能力。

6. 门窗

门窗主要用作内外交通联系及分隔房间;门主要用来通行与疏散,窗则主要用来采光和通风。门窗属于非承重构件,门和窗均有围护和分隔作用。对于有特殊要求的房间,则要求门窗具有保温、隔热、隔声及防火能力。

1.2.3　定位轴线及其编号

建筑物在平面中对结构构件(墙、柱)的定位,用平面定位轴线标注。

1. 平面定位轴线及其编号

平面定位轴线应设横向定位轴线和纵向定位轴线。横向定位轴线的编号用阿拉伯数字从左至右顺序编写;纵向定位轴线的编号用大写的拉丁字母从下至上顺序编写,其中O、

I、Z 不得用于轴线编号，以免与数字 0、1、2 混淆，如图 1-2-2 所示。附加轴线的编号用分数表示，分母表示前一轴线的编号，分子表示附加轴线的编号，附加轴线的编号用阿拉伯数字顺序编写。

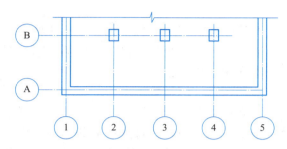

图 1-2-2　定位轴线的编号顺序

2. 平面定位轴线的标定

（1）混合结构建筑承重外墙顶层墙身内缘与定位轴线的距离应为 120mm（图 1-2-3a）；承重内墙顶层墙身中心线应与定位轴线相重合（图 1-2-3b）。楼梯间墙的定位轴线与楼梯的梯段净宽、平台净宽有关，可有三种标定方法：①楼梯间墙内缘与定位轴线的距离为 120mm（图 1-2-3c）；②楼梯间墙外缘与定位轴线的距离为 120mm；③楼梯间墙的中心线与定位轴线相重合。

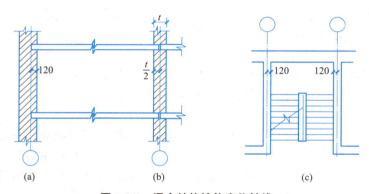

图 1-2-3　混合结构墙体定位轴线
（a）外墙；（b）内墙；（c）楼梯间墙

（2）框架结构建筑中柱定位轴线一般与顶层柱截面中心线相重合（图 1-2-4a）。边柱定位轴线一般与顶层柱截面中心线相重合或距柱外缘 250mm（图 1-2-4b）。

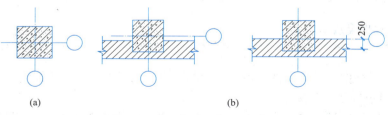

图 1-2-4　框架结构柱定位轴线
（a）中柱；（b）边柱

任务 1.3　建筑标准化和建筑模数协调

 任务概述

本节内容包括：建筑标准化、建筑模数协调统一标准、标志尺寸、构造尺寸、实际尺寸及其相互间的关系。

 学习目标

1. 理解建筑标准化的含义；
2. 掌握建筑模数协调统一标准；
3. 掌握标志尺寸、构造尺寸、实际尺寸及其相互间的关系。

 任务分组

班级		组号		指导教师	
组长		学号			
组员	姓名	学号	姓名	学号	姓名	学号
任务分工						

 工作实施

1. 建筑标准化

引导问题 1：建筑标准化包括＿＿＿＿＿＿＿＿、＿＿＿＿＿＿＿＿两个方面。

2. 建筑模数协调统一标准

引导问题 2：建筑模数是指＿＿＿＿＿尺寸单位，作为尺度协调中的＿＿＿＿＿单位。

引导问题 3：基本模数是建筑模数协调统一标准中的基本尺度的单位，用符号＿＿＿＿表示，我国规定其数值为＿＿＿＿＿＿＿。

引导问题 4：导出模数分为＿＿＿＿＿＿＿＿和＿＿＿＿＿＿＿＿＿。

3. 几种构造尺寸

引导问题 5：标志尺寸用以标注＿＿＿＿＿＿＿以及建筑制品、建筑构配件、有关设备位置界限之间的尺寸。

引导问题 6：构造尺寸是建筑制品、构配件等的＿＿＿＿＿＿＿＿＿＿＿。

评价反馈

1. 学生进行自我评价，并将结果填入表 1-3-1。

学生自评表 表 1-3-1

班级：	姓名：	学号：		
任务 1.3		建筑标准化和建筑模数协调		
评价项目	评价标准		分值	得分
建筑标准化	理解建筑标准化的含义		10	
建筑模数协调统一标准	掌握基本模数、导出模数		15	
	掌握模数数列及其应用		15	
标志尺寸、构造尺寸、实际尺寸及其相互间的关系	掌握标志尺寸、构造尺寸、实际尺寸		20	
	掌握几种构造尺寸间的相互关系		10	
工作态度	态度端正，无无故缺席、迟到、早退现象		10	
工作质量	能按计划完成工作任务		5	
协调能力	与小组成员、同学之间能合作交流、协调工作		5	
职业素质	能做到保护环境、爱护公共设施		5	
创新意识	能通过本小组工作任务，根据实际需求灵活采用模数数列		5	
合计			100	

2. 学生以小组为单位，对以上任务进行互评，将结果填入表 1-3-2。

学生互评表 表 1-3-2

班级：	小组：					
任务 1.3		建筑标准化和建筑模数协调				
评价项目	分值	评价对象得分				
理解建筑标准化的含义	10					
掌握基本模数、导出模数	15					
掌握模数数列及其应用	15					
掌握标志尺寸、构造尺寸、实际尺寸	20					
掌握几种构造尺寸间的相互关系	10					
工作态度	10					
工作质量	5					
协调能力	5					
职业素质	5					
创新意识	5					
合计	100					

3. 教师对学生工作过程与结果进行评价，将评价结果填入表 1-3-3。

教师综合评价表　　　　　　　　　　　　　　　表 1-3-3

班级：　　　　姓名：　　　　学号：				
任务 1.3	建筑标准化和建筑模数协调			
评价项目	评价标准		分值	得分
建筑标准化	理解建筑标准化的含义		10	
建筑模数协调统一标准	掌握基本模数、导出模数		15	
	掌握模数数列及其应用		15	
标志尺寸、构造尺寸、实际尺寸及其相互间的关系	掌握标志尺寸、构造尺寸、实际尺寸		20	
	掌握几种构造尺寸间的相互关系		10	
工作态度	态度端正，无无故缺席、迟到、早退现象		10	
工作质量	能按计划完成工作任务		5	
协调能力	与小组成员、同学之间能合作交流、协调工作		5	
职业素质	能做到保护环境、爱护公共设施		5	
创新意识	能通过本小组工作任务，根据实际需求灵活采用模数数列		5	
合计			100	
综合评价	自评(20%)	互评(30%)	教师评价(50%)	综合得分

 任务相关知识点

1.3.1　建筑标准化

　　建筑标准化包括两个方面：一是建筑设计的标准，包括由国家颁发的建筑法规、建筑设计规范、建筑标准、定额等；二是建筑标准设计，即根据统一的标准编制的标准构件与标准配件图集、整个房屋的标准设计图等。标准构件与标准配件的图集一般由国家或地方设计部门进行编制，供设计人员选用，同时为构件加工生产单位提供依据。标准设计图包括整个房屋的设计图和单元设计图两个部分。标准设计图一般由地方设计院进行编制，供建设单位选择使用。整个房屋的标准设计一般只进行地上部分，地下部分的基础与地下室，由设计单位根据当地地质勘探资料另行出图。单元设计图一般是平面图的一个组成部分，应用时进行拼接，形成一个完整的建筑组合体。标准设计在大量性建造的房屋中（如商品住宅、大型公寓等）应用比较普遍。

1.3.2　建筑模数

　　为实现建筑标准化，使建筑制品、建筑构配件实现工业化大规模生产，必须制定建筑构件和配件的标准化规格系列，使建筑设计各部分尺寸、建筑构配件、建筑制品的尺寸统一协调，并使之具有通用性和互换性，加快设计速度，提高施工质量和效率，降低造价，在建筑业中需共同遵守《建筑模数协调标准》GB/T 50002—2013 的有关规定。

建筑模数是指选定的标准尺度单位，作为尺度协调中的增值单位，也是建筑设计、建筑施工、建筑材料与制品、建筑设备、建筑组合件等各部门进行尺度协调的基础，其目的是使构配件安装吻合，并有互换性。

1. 基本模数

基本模数是模数协调中选用的基本尺寸单位，其数值规定为 100mm，符号为 M，即 1M＝100mm。

2. 导出模数

导出模数分为扩大模数和分模数。扩大模数是基本模数的整数倍，扩大模数基数应为 2M（200mm）、3M（300mm）、6M（600mm）、9M（900mm）、12M（1200mm）等。分模数是基本模数的分值，一般为整数分数，分模数基数应为 $\frac{1}{10}$M（10mm）、$\frac{1}{5}$M（20mm）、$\frac{1}{2}$M（50mm）等。为了满足建筑发展实际需求，可采用灵活的模数数列，即 3M 模数不再为主推的模数数列。

3. 模数数列及其应用

模数数列是以基本模数、扩大模数和分模数为基础扩展成的一系列尺寸，见表 1-3-4。

模数数列（单位：mm）　　　　　　　　　　　　　　表 1-3-4

基本模数	扩大模数						分模数		
1M	3M	6M	12M	15M	30M	60M	$\frac{1}{10}$M	$\frac{1}{5}$M	$\frac{1}{2}$M
100		600	1200	1500	3000	6000	10	20	50
100	300						10		
200	300	600					20	20	
300	600						30		
400	900	1200	1200				40	40	
500	1200			1500			50		50
600	1500	1800					60	60	
700	1800						70		
800	2100	2400	2400				80	80	
900	2400						90		
1000	2700	3000		3000	3000		100	100	100
1100	3000						110		
1200	3300	3600	3600				120	120	
1300	3600						130		
1400	3900	4200					140	140	
1500	4200			4500			150		150

续表

1600	4500	4800	4800				160	160	
1700	4800						170		
1800	5100	5400					180	180	
1900	5400						190		
2000	5700	6000	6000	6000	6000	6000	200	200	200
2100	6000						220		
2200	6300	6600					240		
2300	6600								250
2400	6900	7200	7200				260		
2500	7200			7500			280		
2600	7500	7800					300		300
2700		8400	8400				320		
2800		9000		9000	9000		340		
2900		9600	9600						350
3000				10500			360		
3100			10800				380		
3200			12000	12000	12000	12000	400		400
3300				15000					450
3400				18000	18000				500
3500				21000					550
3600				24000	24000				600
				27000					650
				30000	30000				700
				33000					750
				36000	36000				800
									850
									900
									950
									1000
主要用于建筑物的层高、门窗洞口和构配件截面	主要用于建筑物的开间或柱距、进深或跨度、层高、构配件截面尺寸、门窗洞口等处						主要用于建筑构配件截面、构造节点及缝隙尺寸等处		

（1）水平基本模数 1M（100mm）～20M（2000mm）数列，主要用于门窗洞口和构配件截面尺寸。

（2）竖向基本模数 1M（100mm）～36M（3600mm），主要用于建筑物的层高、门窗洞口和构配件截面尺寸。

（3）水平扩大模数基数为 2M、3M、6M、12M、15M、30M、60M，其相应尺寸分别为 200mm、300mm、600mm、1200mm、1500mm、3000mm、6000mm，主要用于建筑物的开间、柱距、进深、跨度、构配件截面尺寸和门窗洞口尺寸等。

（4）竖向扩大模数基数为 3M 和 6M，其相应的尺寸为 300mm、600mm，主要用于建筑物的高度、层高和门窗洞口尺寸等。

（5）分模数基数为 $\frac{1}{10}$M、$\frac{1}{5}$M、$\frac{1}{2}$M、其相应的尺寸为 10mm、20mm、50mm，主要用于缝隙、构造节点、构配件截面尺寸等。

模数数列是以选定的模数基数为基础而展开的数值系统，它可以确保不同类型的建筑物及其各组成部分间的尺寸统一与协调，减少尺寸的范围，并使尺寸的叠加和分割有较大的灵活性。

1.3.3 几种构造尺寸

为了保证建筑制品、构配件等有关尺寸间的统一与协调，特规定了标志尺寸、构造尺寸、实际尺寸及其相互间的关系，如图 1-3-1 所示。

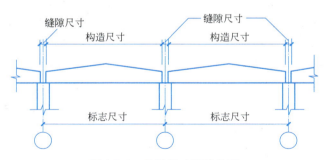

图 1-3-1 几种尺寸间的关系

1. 标志尺寸

标志尺寸用以标注建筑物定位轴线之间的距离以及建筑制品、建筑构配件、有关设备位置界限之间的尺寸。标志尺寸应符合模数数列的规定。

2. 构造尺寸

构造尺寸是建筑制品、建筑构配件等的设计尺寸。一般情况下，构造尺寸加上缝隙尺寸等于标志尺寸。缝隙尺寸应符合模数数列的规定。

3. 实际尺寸

实际尺寸是建筑制品、建筑构配件等生产制作后的实际尺寸。实际尺寸与构造尺寸之间的差数应符合允许的误差数值。

模块2

Modular 02

基础与地下室

任务 2.1　认识地基与基础

 任务概述

本节内容包括：地基与基础的概念、地基的分类。

 学习目标

1. 掌握地基与基础的概念；
2. 熟悉地基的分类及要求；
3. 掌握人工加固地基的方法。

任务分组

班级		组号		指导教师	
组长		学号			
组员	姓名	学号	姓名	学号	姓名	学号
任务分工						

工作实施

1. 地基与基础的概念

引导问题 1：基础是建筑物的墙或柱子埋在地下的_____，它_____建筑物的组成部分，基础承受建筑物上部结构传下来的_____荷载，并将它们传给地基。

引导问题 2：地基是承受由基础传下来的荷载的_____，它_____建筑物的组成部分。

2. 地基的分类

引导问题 3：地基按土层性质和承载力的不同，可分为_____和_____两大类。

引导问题 4：人工加固地基通常采用_____法、_____法、_____法和_____法等。

引导问题 5：基础应具有足够的_____和_____。

评价反馈

1. 学生进行自我评价，并将结果填入表 2-1-1。

学生自评表　　　　　　　　　　表 2-1-1

班级：	姓名：	学号：		
任务 2.1		认识地基与基础		
评价项目	评价标准		分值	得分
地基与基础的概念	掌握地基与基础的概念		30	
地基的分类及要求	熟悉地基的分类及要求		20	
人工加固地基的方法	掌握人工加固地基的方法		20	
工作态度	态度端正，无无故缺席、迟到、早退现象		10	
工作质量	能按计划完成工作任务		5	
协调能力	与小组成员、同学之间能合作交流、协调工作		5	
职业素质	能做到保护环境、爱护公共设施		5	
创新意识	通过本小组工作任务，会选择基础的类型		5	
合计			100	

2. 学生以小组为单位，对以上任务进行互评，将结果填入表 2-1-2。

学生互评表　　　　　　　　　　表 2-1-2

班级：	小组：				
任务 2.1		认识地基与基础			
评价项目	分值	评价对象得分			
地基与基础的概念	30				
地基的分类及要求	20				
人工加固地基的方法	20				
工作态度	10				
工作质量	5				
协调能力	5				
职业素质	5				
创新意识	5				
合计	100				

3. 教师对学生工作过程与结果进行评价，将评价结果填入表 2-1-3。

教师综合评价表　　　　　　　　　　表 2-1-3

班级：	姓名：	学号：		
任务 2.1		认识地基与基础		
评价项目	评价标准		分值	得分
地基与基础的概念	掌握地基与基础的概念		30	
地基的分类及要求	熟悉地基的分类及要求		20	

续表

人工加固地基的方法	掌握人工加固地基的方法	20	
工作态度	态度端正，无无故缺席、迟到、早退现象	10	
工作质量	能按计划完成工作任务	5	
协调能力	与小组成员、同学之间能合作交流、协调工作	5	
职业素质	能做到保护环境、爱护公共设施	5	
创新意识	通过本小组工作任务，会选择基础的类型	5	
合计		100	
综合评价	自评（20%）	互评（30%）	教师评价（50%）	综合得分

 任务相关知识点

2.1.1 地基与基础的概念

　　基础是建筑物的墙或柱子埋在地下的扩大部分，它是建筑物的重要组成部分。它承受建筑物上部结构传下来的全部荷载，并将这些荷载连同自重传给下面的土层。

　　地基是基础底面以下承受建筑物全部荷载的土层，它不是建筑物的组成部分。地基承受建筑物荷载而产生的应力和应变是随着土层深度的增加而减小的，在达到一定的深度以后就可以忽略不计。地基由持力层与下卧层两部分组成。地基中直接承受建筑物荷载的土层称为持力层，持力层以下的土层称为下卧层（图2-1-1）。

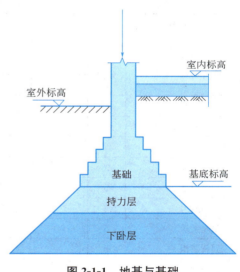

图 2-1-1　地基与基础

2.1.2 地基的分类

　　地基按土层性质和承载力的不同，可分为天然地基和人工地基两大类。天然地基是指天然土层本身就具有足够承载能力，不需经人工改良或加固即可以直接在上面建造房屋的地基。可做天然地基的岩、土体包括岩石、碎石、砂土、黏性土等。天然地基的土层分布及承载力大小由勘察部门实测提供。当达不到上述要求时，可以对地基进行补强和加固。人工地基是指天然土层的承载力较差或虽然土层较好，但其上部荷载较大，不能在这样的土层上直接建造基础，必须对土层进行人工加固后，方可在其上建造基础。常用的人工加固地基的方法有压实法、换土法、挤密法和化学加固法等。

基础应具有足够的强度和耐久性，地基应具有足够的强度和均匀程度。

任务 2.2　基础的埋置深度及影响因素

任务概述

本节内容包括：基础的埋置深度及影响因素。

学习目标

1. 掌握基础埋置深度的概念；
2. 熟悉影响基础埋置深度的因素。

任务分组

班级		组号		指导教师			
组长		学号					
组员	姓名	学号	姓名	学号	姓名	学号	
任务分工							

工作实施

1. 基础的埋置深度

引导问题 1：基础埋置深度是指室外_____到_____的垂直距离，简称基础埋深。

引导问题 2：一般情况下，基础埋置深度不超过_____时称为浅基础，超过_____时称为深基础。

引导问题 3：根据实践证明，在没有其他条件的影响下，基础埋深不应小于_____mm。

2. 影响基础埋置深度的因素

引导问题 4：基础底面应尽量选在常年未经扰动而且坚实平坦的_____或_____。

引导问题 5：新建的建筑物基础埋置深度不宜_____相邻原有建筑物基础。

引导问题 6：为保护基础，一般要求基础顶面低于设计室外地面不小于_____m。

评价反馈

1. 学生进行自我评价，并将结果填入表 2-2-1。

学生自评表　　　　　　　　　　　　　　表 2-2-1

班级：　　　　姓名：　　　　　学号：			
任务 2.2	基础的埋置深度及影响因素		
评价项目	评价标准	分值	得分
基础的埋置深度	掌握基础埋深的概念	15	
	熟悉浅基础、深基础概念	10	
影响基础埋置深度的因素	熟悉影响基础埋置深度的因素	35	
工作态度	态度端正，无无故缺席、迟到、早退现象	10	
工作质量	能按计划完成工作任务	10	
协调能力	与小组成员、同学之间能合作交流、协调工作	5	
职业素质	能做到保护环境、爱护公共设施	5	
创新意识	能通过本小组工作任务，会确定基础的埋置深度	10	
合计		100	

2. 学生以小组为单位，对以上任务进行互评，将结果填入表 2-2-2。

学生互评表　　　　　　　　　　　　　　表 2-2-2

班级：　　　　小组：						
任务 2.2	基础的埋置深度及影响因素					
评价项目	分值	评价对象得分				
基础的埋置深度	25					
影响基础埋置深度的因素	35					
工作态度	10					
工作质量	10					
协调能力	5					
职业素质	5					
创新意识	10					
合计	100					

3. 教师对学生工作过程与结果进行评价，将评价结果填入表 2-2-3。

教师综合评价表　　　　　　　　表 2-2-3

班级：　　　　姓名：　　　　学号：					
任务 2.2	基础的埋置深度及影响因素				
评价项目	评价标准			分值	得分
基础的埋置深度	掌握基础埋深的概念			15	
	熟悉浅基础、深基础概念			10	
影响基础埋置深度的因素	熟悉影响基础埋置深度的因素			35	
工作态度	态度端正，无无故缺席、迟到、早退现象			10	
工作质量	能按计划完成工作任务			10	
协调能力	与小组成员、同学之间能合作交流、协调工作			5	
职业素质	能做到保护环境、爱护公共设施			5	
创新意识	能通过本小组工作任务，会确定基础的埋置深度			10	
合计				100	
综合评价	自评（20%）	互评（30%）	教师评价（50%）	综合得分	

任务相关知识点

2.2.1　基础的埋置深度

　　基础埋置深度（图 2-2-1）是指室外设计地坪到基础底面的垂直距离，简称基础埋深。室外地坪分为自然地坪和设计地坪。自然地坪是指施工地段的现存地坪；设计地坪是指按设计要求工程竣工后，室外场地经垫起或开挖后的地坪。根据基础埋置深度的不同，基础分为浅基础和深基础。一般情况下，基础埋置深度不超过 5m 时称为浅基础，超过 5m 时称为深基础。在确定基础的埋深时，应优先选用浅基础，因为基础埋深愈浅，工程造价愈低，且构造简单，施工方便。只有在表层土质极弱，总荷载较大或其他特殊情况下，才选用深基础。但基础的埋置深度也不能过小，至少不能小于 500mm，因为地基受到建筑荷载作用后可能将基础四周的土挤出，使基础失去稳定，或地面受到雨水冲刷、机械破坏而导致基础暴露。

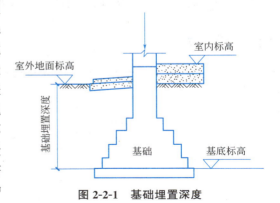

图 2-2-1　基础埋置深度

2.2.2 影响基础埋深的因素

影响基础埋深的因素

基础埋置深度的大小关系到地基的可靠性、施工的难易程度和造价的高低。影响基础埋置深度的因素很多，其主要影响因素有：建筑物的使用要求、基础形式及荷载；工程地质和水文地质的条件；土的冻结深度；相邻建筑物基础埋置深度等。

为保护基础，一般要求基础顶面低于设计室外地面不小于 0.1m，地下室或半地下室基础的埋置深度则要结合建筑设计的要求确定。

任务2.3 基础的分类与构造

 任务概述

本节内容包括：基础的分类与构造，按照力学特点分为无筋扩展基础和有筋扩展基础，按构造形式又分为条形基础、独立基础、井格基础、筏形基础、箱形基础和桩基础。

 学习目标

1. 掌握基础的分类特点；
2. 理解刚性角的概念，从而掌握刚性基础和柔性基础的区分原则；
3. 掌握柔性基础的设置要求；
4. 掌握按基础的结构形式分类的原则与类型。

 任务分组

班级		组号		指导教师	
组长		学号			
组员	姓名	学号	姓名	学号	姓名	学号
任务分工						

工作实施

1. 按所用材料及受力特点分类

引导问题 1：刚性基础所采用的材料有_____、_____、灰土、_____、_____等。

引导问题 2：柔性基础采用的材料是_____。

引导问题 3：由_____材料构成的无筋扩展基础在荷载作用下破坏时，破坏处都是沿一定_____分布，这个角称为刚性角。

引导问题 4：柔性基础具有_____、_____、经济效益较好等优点。

引导问题 5：柔性基础的基础宽度加大不受_____的限制。

引导问题 6：为了使基础底面能够均匀传力和便于配置钢筋，基础下面一般用强度等级为_____做垫层，厚度宜为_____mm；有垫层时，下部钢筋保护层的厚度不宜小于_____mm；不设垫层时，保护层厚度不宜小于_____mm。

2. 按基础的结构形式分类

引导问题 7：墙下条形基础具有_____、_____、_____、整体性好等优点，与上部结构结合紧密，常用于_____建筑。

引导问题 8：条形基础在地下按照_____的走向设置，多做成与墙体走向相同的长条形，形成_____连续交叉的条形基础。

引导问题 9：独立基础分为柱下独立基础和_____独立基础。

引导问题 10：独立基础的优点是可以_____，节约基础材料。

引导问题 11：井格基础适用于地基条件较差的情况，做法是常将柱下基础沿_____两个方向连接起来，形成_____的井格基础。

引导问题 12：筏形基础是将墙或柱下_____扩大为整片的钢筋混凝土板状的基础形式，形成筏形基础；筏板基础分为_____筏形基础和_____筏形基础。

引导问题 13：筏形基础的整体性好，具有_____、_____和调节基础不均匀沉降的能力，常用于建筑荷载较大的高层建筑。

引导问题 14：为了避免回填土增加基础上的承受荷载，有效地调整_____和避免地基的不均匀沉降，可将筏形基础扩大，形成钢筋混凝土的_____和_____组成的空心箱体作为房屋的基础，我们把这种基础叫作箱形基础。

引导问题 15：桩基础由_____和_____组成，_____承受上部荷载，_____连接上部结构和桩身。

评价反馈

1. 学生进行自我评价，并将结果填入表 2-3-1。

学生自评表　　　　　　　　　　　　　　　　表 2-3-1

班级：　　　　姓名：　　　　学号：	
任务 2.3	基础的分类与构造

续表

评价项目		评价标准	分值	得分
按所用材料及受力特点分类	刚性基础	掌握刚性基础的受力特点和构造要求,理解刚性角的概念	10	
	柔性基础	掌握柔性基础的受力特点和构造要求	10	
按构造形式分类	条形基础	熟悉条形基础的设置要求和受力特点	10	
	独立基础	掌握独立基础的分类及受力特点	15	
	井格基础	熟悉井格基础的设置要求及受力特点	10	
	筏形基础	熟悉筏形基础的设置要求及受力特点	10	
	桩基础	掌握桩基础的分类及受力特点	5	
工作态度		态度端正,无无故缺席、迟到、早退现象	10	
工作质量		能按计划完成工作任务	5	
协调能力		与小组成员、同学之间能合作交流、协调工作	5	
职业素质		能做到保护环境、爱护公共设施	5	
创新意识		能通过本小组工作任务,判断学校建筑群落不同建筑的基础类型	5	
合计			100	

2. 学生以小组为单位,对以上任务进行互评,将结果填入表 2-3-2。

学生互评表　　　　　　　　　　　　　　　　表 2-3-2

班级:　　　　　小组:					
任务 2.3		基础的分类与构造			
评价项目	分值	评价对象得分			
掌握刚性基础的受力特点和构造要求,理解刚性角的概念	10				
掌握柔性基础的受力特点和构造要求	10				
熟悉条形基础的设置要求和受力特点	10				
掌握独立基础的分类及受力特点	15				
熟悉井格基础的设置要求及受力特点	10				
熟悉筏形基础的设置要求及受力特点	10				
掌握桩基础的分类及受力特点	5				
工作态度	10				
工作质量	5				
协调能力	5				
职业素质	5				
创新意识	5				
合计	100				

3. 教师对学生工作过程与结果进行评价，将评价结果填入表 2-3-3。

教师综合评价表 表 2-3-3

班级：	姓名：		学号：		
任务 2.3			基础的分类与构造		
评价项目			评价标准	分值	得分
按所用材料及受力特点分类	刚性基础		掌握刚性基础的受力特点和构造要求,理解刚性角的概念	10	
	柔性基础		掌握柔性基础的受力特点和构造要求	10	
按构造形式分类		条形基础	熟悉条形基础的设置要求和受力特点	10	
		独立基础	掌握独立基础的分类及受力特点	15	
		井格基础	熟悉井格基础的设置要求及受力特点	10	
		筏形基础	熟悉筏形基础的设置要求及受力特点	10	
		桩基础	掌握桩基础的分类及受力特点	5	
工作态度			态度端正,无无故缺席、迟到、早退现象	10	
工作质量			能按计划完成工作任务	5	
协调能力			与小组成员、同学之间能合作交流、协调工作	5	
职业素质			能做到保护环境、爱护公共设施	5	
创新意识			能通过本小组工作任务,判断学校建筑群落不同建筑的基础类型	5	
合计				100	
综合评价	自评(20%)		互评(30%)	教师评价(50%)	综合得分

📚 任务相关知识点

2.3.1　按所用材料和受力特点分类

基础所用的材料一般有砖、毛石、混凝土或毛石混凝土、灰土、三合土、钢筋混凝土等，其中由砖、毛石、混凝土或毛石混凝土、灰土、三合土等制成的墙下条形基础或柱下独立基础称为刚性基础（也称为无筋扩展基础）；钢筋混凝土制成的基础称为柔性基础（也称为扩展基础）。

一、刚性基础

1. 受力特点

刚性基础的材料都属刚性材料，材料试验表明，由刚性材料构成的无筋扩展基础在荷载作用下破坏时，都是沿一定角度分布的，这个角称为刚性角。当基础底面宽度在刚性角之内，基础底面产生的拉应力小于材料所具有的抵抗能力，基础不会被破坏，如图 2-3-1（a）所示；当基础底面宽度在刚性角之外，基础底面将会开裂或破坏，不再起传力作用，如图 2-3-1（b）所示。根据材料的抗拉、抗剪极限强度，对基础的出挑宽度 b 与基础高度 H 之比进行限制，即

刚性基础宽高比的允许值

宽高比，刚性基础放大角不应超过刚性角。

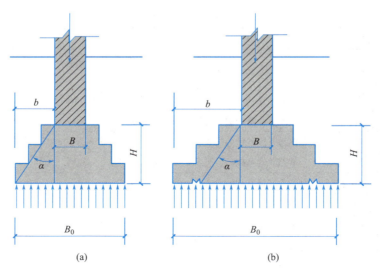

图 2-3-1　刚性基础受力特点

（a）基础受力在刚性角范围以内；（b）基础宽度超过刚性角范围而破坏

2. 构造要求

刚性基础应符合图 2-3-2 的构造要求。当刚性基础上部为钢筋混凝土柱时，连接构造示意图如图 2-3-3 所示。

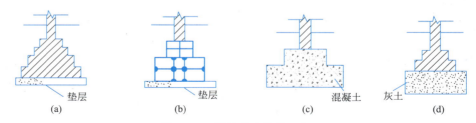

图 2-3-2　刚性基础构造示意图

（a）阶梯形基础；（b）砖基础；（c）灰土、三合土基础；（d）锥形基础

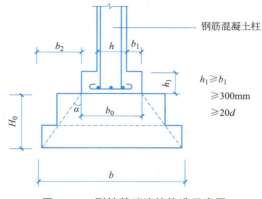

图 2-3-3　刚性基础连接构造示意图

二、柔性基础

1. 受力特点

当基础顶部的荷载较大或地基承载力较低时，就需要加大基础底部的宽度，以减小混凝土条形基础的基底压力。如果采用刚性基础，则基础高度要相应增加。这样就会增加基础自重，加大土方工程量，给施工带来麻烦。此时，应该采用柔性基础，这种基础在底板配置钢筋，利用钢筋增强基础两侧扩大部分的受拉和受剪能力，使两侧扩大不受高宽比的限制，基础宽度的加大不受刚性角的限制，可做得很宽、很薄，还可尽量浅埋。柔性基础具有断面小、承载力大、经济效益较高等优点。

2. 构造要求

柔性基础一般会做成扁锥形，端部最薄处的厚度不宜小于 200mm。基础中受力钢筋的数量应通过计算确定，但钢筋直径不宜小于 8mm，间距不宜大于 200mm；基础混凝土的强度等级不宜低于 C20。

为了使基础底面能够均匀传力和便于配置钢筋，基础下面一般用强度等级为 C10 的混凝土做垫层，厚度宜为 50~100mm。有垫层时，下部钢筋保护层的厚度不宜小于 40mm；不设垫层时，保护层的厚度不宜小于 70mm，如图 2-3-4 所示。

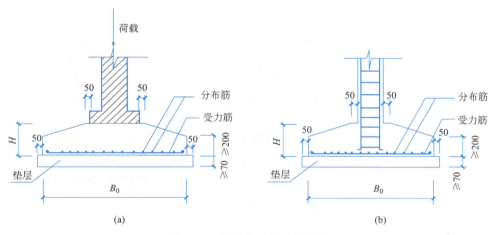

图 2-3-4　柔性基础构造示意图
（a）条形基础；（b）独立基础

2.3.2　按构造形式分类

一、条形基础

当建筑物上部结构采用墙承重时，基础在地下按照墙体的走向设置，多做成与墙体走向相同的长条形，形成纵横向连续交叉的条形基础。墙下条形基础构造简单、施工方便、造价较低、整体性好，与上部结构结合紧密，常用于砖混结构建筑（图 2-3-5）。

二、独立基础

当建筑物的承重体系采用框架结构或单层排架及刚架结构时，其基础常用方形或矩形

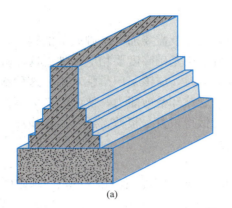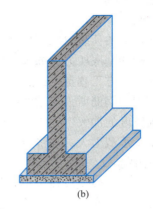

图 2-3-5　墙下条形基础

（a）刚性条形基础；（b）钢筋混凝土条形基础

的单独基础，称为独立基础，如图 2-3-6 所示。当建筑以墙体作为承重结构时，也可采用墙下独立基础，其构造是墙下设基础梁，以支承墙身荷载，基础梁支承在独立柱之间，如图 2-3-7 所示。独立基础的优点是可以减少土方工程量，节约基础材料。

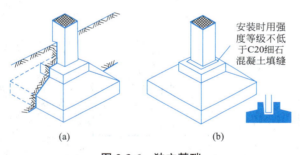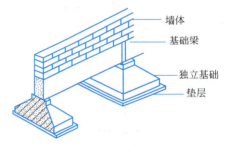

图 2-3-6　独立基础

（a）现浇基础；（b）预制基础

图 2-3-7　墙下独立基础

三、井格基础

当地基条件较差，此时在承重的结构柱下使用独立柱基础已经不能满足其承受荷载和整体性要求，可将同一排柱子的基础连在一起，构成柱下条形基础，如图 2-3-8 所示。为了提高建筑物的整体性，以免各柱之间产生不均匀沉降，常将柱下基础沿纵、横两个方向连接起来，形成十字交叉的井格基础，如图 2-3-9 所示。

四、筏形基础

当建筑物上部荷载较大，而建造地点的地基承载能力又比较差，单独依靠墙下条形基础或柱下条形基础已不能适应地基变形的需要时，可将墙或柱下基础底面扩大为整片的钢筋混凝土板状的基础形式，形成筏形基础，如图 2-3-10 所示。筏形基础可以用于墙下和柱下，有梁板式和平板式两种。

筏形基础的整体性好，具有减小基底压力、提高地基承载力和调节基础不均匀沉降的能力，常用于建筑荷载较大的高层建筑。

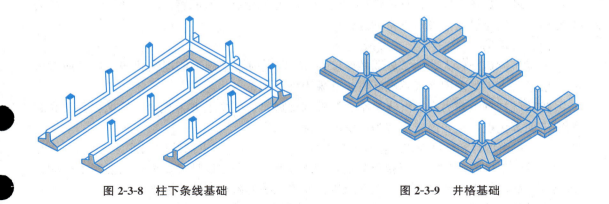

图 2-3-8　柱下条线基础　　　　　　图 2-3-9　井格基础

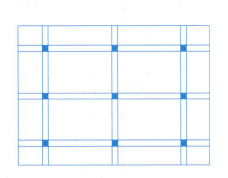

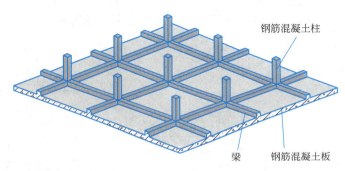

图 2-3-10　筏形基础

五、箱形基础

当筏形基础埋置深度较大时，为了避免回填土增加基础上的承受荷载，有效地调整基底压力和避免地基的不均匀沉降，可将筏形基础扩大，形成钢筋混凝土的底板、顶板和若干纵横墙组成的空心箱体作为房屋的基础，我们把这种基础叫作箱形基础，如图 2-3-11 所示。

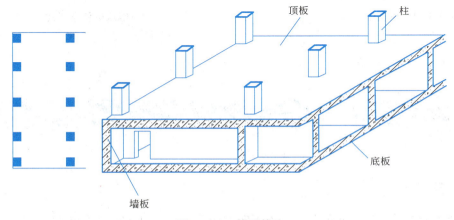

图 2-3-11　箱形基础

箱型基础具备刚度大、整体性好、内部空间可作为地下室的特点，因此适用于高层公共建筑、住宅建筑及需设地下室的建筑中。

六、桩基础

当建筑物荷载较大，地基软弱的厚度在5m以上时，基础不能埋在软弱土层内或对软弱土层进行人工处理困难或不经济时，常采用桩基础。

桩基础具有承载力高、沉降量小、节省基础材料、减少土方工程量、机械化程度高和缩短工期等优点，是当前应用较为广泛的一种基础形式。

桩基础由承台和桩群组成，桩群承受上部荷载，承台连接上部结构和桩身，如图2-3-12所示。承台下桩的数量、间距和布置方式以及桩身尺寸是按设计确定的。在混凝土桩的顶部设置钢筋混凝土承台，以支承上部结构，使建筑物荷载均匀地传递给桩基。

常见的桩基础按桩的形状和竖向受力情况可分为摩擦柱和端承桩。摩擦桩的柱顶竖向荷载主要由桩身和侧壁的摩擦阻力承受，如图2-3-13（a）所示；端承型的桩顶竖向荷载主要由桩端阻力承受，如图2-3-13（b）所示。

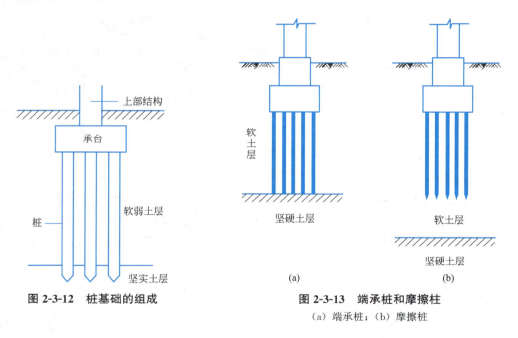

图 2-3-12　桩基础的组成

图 2-3-13　端承桩和摩擦柱
（a）端承桩；（b）摩擦桩

 任务 2.4 地下室构造

💡 **任务概述**

本节内容包括：地下室的分类、地下室的构造组成、地下室的防潮和防水构造。

学习目标

1. 了解地下室的分类、用途；
2. 掌握地下室的构造组成；
3. 掌握地下室的防潮防水构造及做法。

 任务分组

班级		组号		指导教师	
组长		学号			
组员	姓名	学号	姓名	学号	姓名	学号
任务分工						

 工作实施

1. 地下室的分类

引导问题1：建筑物底层地面以下的房间叫作地下室。房屋为何设地下室？

引导问题2：地下室按使用功能可分为＿＿＿＿＿＿＿＿＿＿和＿＿＿＿＿＿＿。

引导问题3：地下室按地下室底板埋深可分为＿＿＿＿＿＿＿＿和＿＿＿＿＿＿＿。

2. 地下室的构造组成

引导问题4：地下室一般由＿＿＿＿、＿＿＿＿、＿＿＿＿、＿＿＿＿和＿＿＿＿等部分组成。

3. 地下室的防潮和防水构造

引导问题5：当设计最高地下水位低于＿＿＿＿＿，且地基范围内的土壤及回填土形成无上层滞水时，地下室只需做防潮处理。

引导问题6：地下室常用的防水措施有＿＿＿＿＿＿和＿＿＿＿＿＿。

 评价反馈

1. 学生进行自我评价，并将结果填入表2-4-1。

学生自评表

表 2-4-1

班级：	姓名：		学号：		
任务 2.4		地下室构造			
评价项目		评价标准		分值	得分
地下室的分类		理解地下室的概念；了解地下室的分类、用途		20	

续表

地下室的防潮和防水构造	地下室的构造组成	掌握地下室的构造组成及要求	20	
	地下室的防潮	掌握地下室的防潮构造及做法	15	
	地下室的防水	掌握地下室的防水构造及做法	15	
工作态度		态度端正,无无故缺席、迟到、早退现象	10	
工作质量		能按计划完成工作任务	5	
协调能力		与小组成员、同学之间能合作交流、协调工作	5	
职业素质		能做到保护环境、爱护公共设施	5	
创新意识		通过本小组工作任务,能根据地下室的实际情况确定防水方案	5	
合计			100	

2. 学生以小组为单位，对以上任务进行互评，将结果填入表2-4-2。

学生互评表　　　　　　　　　　　　　　　　表 2-4-2

班级：　　　　小组：					
任务 2.4		地下室构造			
评价项目	分值	评价对象得分			
理解地下室的概念;了解地下室的分类、用途	20				
掌握地下室的构造组成及要求	20				
掌握地下室的防潮构造及做法	15				
掌握地下室的防水构造及做法	15				
工作态度	10				
工作质量	5				
协调能力	5				
职业素质	5				
创新意识	5				
合计	100				

3. 教师对学生工作过程与结果进行评价，将评价结果填入表2-4-3。

教师综合评价表　　　　　　　　　　　　　　表 2-4-3

班级：　　　　姓名：　　　　学号：			
任务 2.4	地下室构造		
评价项目	评价标准	分值	得分
地下室的分类	理解地下室的概念;了解地下室的分类、用途	20	
地下室的构造组成	掌握地下室的构造组成及要求	20	

续表

地下室的防潮和防水构造	地下室的防潮	掌握地下室的防潮构造及做法	15	
	地下室的防水	掌握地下室的防水构造及做法	15	
工作态度		态度端正,无无故缺席、迟到、早退现象	10	
工作质量		能按计划完成工作任务	5	
协调能力		与小组成员、同学之间能合作交流、协调工作	5	
职业素质		能做到保护环境、爱护公共设施	5	
创新意识		通过本小组工作任务,能根据地下室的实际情况确定防水方案	5	
合计			100	
综合评价	自评(20%)	互评(30%)	教师评价(50%)	综合得分

 任务相关知识点

2.4.1　地下室的分类

建筑物底层地面以下的房间叫作地下室。地下室是在限定的占地面积中争取到的室内使用空间。利用地下空间,可节约建设用地。地下室可用作设备房间、储藏房间、旅馆、餐厅、商场、车库以及战备人防工程。高层建筑常利用深基础(如箱形基础)建造一层或多层地下室,既增加使用面积,又节省室内填土的费用。图 2-4-1 为地下室结构示意图。

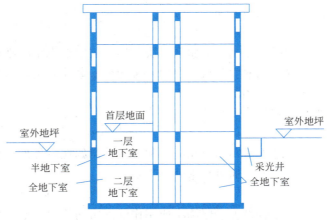

图 2-4-1　地下室结构示意图

1. 按使用功能分

(1) 普通地下室

一般用作高层建筑的地下车库和设备用房。

(2) 人防地下室

结合人防要求设置的地下室,用以安排战时的人员隐蔽和疏散,并具备保障各项技术措施。

2. 按地下室底板埋深分

（1）半地下室

地下室地面低于室外地面的高度超过该房间净高 1/3，且不超过 1/2 时称为半地下室。有一部分露在室外地面，采光和通风比较容易处理。可以布置一些使用房间，如办公室等。

（2）全地下室

地下室地面低于室外地面的高度，超过该房间净高 1/2 时称为全地下室。全部埋于地下较深，周围环境不利于人居住，一般作为辅助房间和设备房。

3. 按结构材料分

（1）砖墙地下室

（2）混凝土墙地下室

2.4.2 地下室的构造组成

地下室一般由墙体、底板、顶板、门窗和楼梯等部分组成。

1. 墙体

地下室的外墙不仅承受垂直荷载，还承受土、地下水和土壤冻胀的侧压力，还应满足抗渗要求，并做防潮或防水处理。

2. 底板

底板处于最高地下水位以上时，可按一般地面工程处理；底板处于最高地下水位以下时，承受上部垂直荷载和地下水的浮力荷载，应采用钢筋混凝土底板，并双层配筋，底板下垫层上还应设置防水层，以防渗漏。

3. 顶板

可用现浇板、预制板或者预制板上做现浇层。如为防空地下室，必须采用现浇板，并按有关规定决定厚度和混凝土强度等级，在无采暖的地下室顶板上，即首层地板处应设置保温层，以利于首层房间的使用舒适。

人防地下室要求有足够的强度和抗冲击能力。

4. 门窗

普通地下室的门窗与地上房间门窗相同，地下室外窗如在室外地坪以下时，应设置采光井和防护算，以利室内采光、通风和室外行走安全。

5. 楼梯

楼梯可与地面上房间结合设置，层高小或用作辅助房间的地下室，可设置单跑楼梯。

有防空要求的地下室，至少要设置两部楼梯通向地面的安全出口，并且必须有一个出口是独立的安全出口，这个安全出口周围不得有较高建筑物，以防空袭倒塌，堵塞出口，影响安全疏散。独立安全出口一般是由一段水平地下通道与安全竖井相连。

地下室的疏散要求高于建筑的地上部分。人防地下室也应至少设置两个安全出口，其中一个出口是独立的安全出口，应远离周围建筑，以免被坍塌的建筑所掩埋。独立安全出口一般是由一段水平地下通道与安全竖井相连。

2.4.3　地下室的防潮和防水构造

地下室由于经常受到下渗地表水、土壤中的潮气和地下水的侵蚀，因此应妥善处理地下室的防潮和防水构造。

地下室的防潮和防水构造

模块3

墙体

任务 3.1　墙体的类型

 任务概述

　　本节内容包括：墙体按照按所在位置、受力状况、构造方式、施工方法不同将墙体进行分类。

 学习目标

　　1. 了解墙体的分类特点；
　　2. 掌握和理解墙体按照所在位置、受力状况、构造方式和施工方法不同的分类原则。

 任务分组

班级		组号		指导教师	
组长		学号			
组员	姓名	学号	姓名	学号	姓名	学号
任务分工						

 工作实施

　　墙体分类

　　引导问题 1：墙体是建筑物的重要组成部分之一，它起_____、_____和_____的作用。

　　引导问题 2：按照墙体所在位置不同，可分为_____和_____；_____和_____。山墙是位于_____。

　　引导问题 3：按照墙体受力状况不同，可分为_____和_____。

　　引导问题 4：非承重墙体可分为_____和_____。

　　引导问题 5：按照墙体构造方式不同，可将墙体分为_____、_____和_____。

　　引导问题 6：空体墙可以由单一材料砌成_____，也可以用_____的材料砌筑而成。

 评价反馈

1. 学生进行自我评价，并将结果填入表 3-1-1 中。

学生自评表 　　　　　　　　　　　　　　　　表 3-1-1

班级：	姓名：	学号：		
任务 3.1		墙体的类型		
评价项目		评价标准	分值	得分
墙体分类	按照墙体所在位置不同	掌握按照墙体所在平面位置不同对墙体的分类	15	
	按照墙体受力状况不同	掌握按照墙体受力状况不同对墙体的分类	15	
	按照墙体构造方式不同	理解按照墙体构造方式不同对墙体的分类	10	
	按照墙体施工方法不同	理解按照墙体施工方法不同对墙体的分类	10	
工作态度		态度端正，无无故缺席、迟到、早退现象	10	
工作质量		能按计划完成工作任务	10	
协调能力		与小组成员、同学之间能合作交流、协调工作	10	
职业素质		能做到保护环境、爱护公共设施	10	
创新意识		能通过本小节工作任务，判断学校建筑群落不同建筑的墙体类型	10	
合计			100	

2. 学生以小组为单位，对以上任务的过程和结果互评，将互评结果填入表 3-1-2。

学生互评表 　　　　　　　　　　　　　　　　表 3-1-2

班级：	小组：				
任务 3.1		墙体的类型			
评价项目	分值	评价对象得分			
掌握按照墙体所在平面位置不同对墙体的分类	15				
掌握按照墙体受力状况不同对墙体的分类	15				
理解按照墙体构造方式不同对墙体的分类	10				
理解按照墙体施工方法不同对墙体的分类	10				
工作态度	10				
工作质量	10				
协调能力	10				
职业素质	10				
创新意识	10				
合计	100				

3. 教师对学生工作过程与结果进行评价，并将评价结果填入表 3-1-3。

教师综合评价表　　　　　　　　　　　　　　　　表 3-1-3

班级：　　　　姓名：　　　　学号：				
任务 3.1		墙体的类型		
评价项目		评价标准	分值	得分
墙体分类	按照墙体所在位置不同	掌握按照墙体所在平面位置不同对墙体的分类	15	
	按照墙体受力状况不同	掌握按照墙体受力状况不同对墙体的分类	15	
	按照墙体构造方式不同	理解按照墙体构造方式不同对墙体的分类	10	
	按照墙体施工方法不同	理解按照墙体施工方法不同对墙体的分类	10	
工作态度		态度端正，无无故缺席、迟到、早退现象	10	
工作质量		能按计划完成工作任务	10	
协调能力		与小组成员、同学之间能合作交流、协调工作	10	
职业素质		能做到保护环境、爱护公共设施	10	
创新意识		能通过本小节工作任务，判断学校建筑群落不同建筑的墙体类型	10	
合计			100	
综合评价	自评（20%）	小组互评（30%）	教学评价（50%）	综合得分

任务相关知识点

一、按墙体所在位置分

按墙体在平面上所处位置不同，可分为外墙和内墙；纵墙和横墙。位于房屋四周的墙体统称为外墙，位于房屋内部的墙体统称为内墙。沿建筑物短轴方向布置的墙称为横墙，位于房屋两端的横墙又称为山墙。沿建筑物长轴方向布置的墙称为纵墙。对于一片墙来说，窗与窗之间、窗与门之间的墙体称为窗间墙，窗台下面的墙称为窗下墙。墙体各部分名称如图 3-1-1 所示。

墙的分类

二、按墙体受力状况分

在混合结构建筑中，按墙体受力方式分为两种：承重墙和非承重墙。凡直接承受楼板、屋顶等上部结构构件传来荷载的墙均称为承重墙。不承受上部结构构件传来荷载的墙称为非承重墙。非承重墙又可分为两种：一是自承重墙，不承受外来荷载，仅承受自身重量并将其传至基础；二是除自承重墙以外的其他非承重墙，如隔墙，房间内部起分隔的作用而不承重的墙；填充墙，在框架结构中，填充在框架之间的墙；建筑幕墙，悬挂在建筑物外部的轻质墙，形似挂幕。这些墙体不承受外来荷载，并把自身重量传给梁或楼板。

三、按墙体构造方式分

按墙体构造方式不同，墙体可分为实体墙、空体墙和组合墙三种。实体墙是由单一的材料组成，如砖墙、砌块墙等。空体墙是由单一材料砌成内部空腔，如图 3-1-2 所示。也

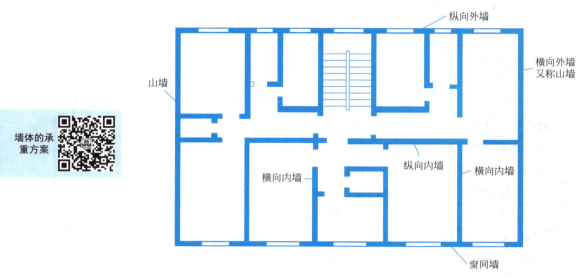

图 3-1-1　墙体各部分名称

可用本身带孔的材料砌筑而成，如空心砌块墙体。

图 3-1-2　空体墙（空斗墙）

四、按墙体施工方法分

按墙体施工方法不同，可分为块材墙、板筑墙及板材墙三种。块材墙是用砂浆等胶结材料将砖、石、砌块等组砌而成，如砖墙、石墙、砌块墙等。板筑墙是在现场立模板，现浇而成的墙体，如现浇混凝土墙等。板材墙是预先制成墙板，施工时安装而成，如预制混凝土大墙板墙、轻质条板隔墙等。

任务 3.2　墙体构造

 任务概述

本节内容包括：砖墙的构造，包括砖墙的材料、砌筑以及细部构造。本节内容的学习，为学生能合理选择墙体材料及墙体构造方案，并能准确绘制墙身详图打好基础。

 学习目标

1. 了解砖墙的材料及特点；
2. 掌握砖墙的厚度计算及长度设计要求；
3. 掌握砖墙的砌筑方式及砌筑要求；
4. 掌握砖墙的门窗过梁、墙身防潮、墙身加固（圈梁和构造柱）的构造要求。

 任务分组

班级		组号		指导教师	
组长		学号			
组员	姓名	学号	姓名	学号	姓名	学号
任务分工						

工作实施

砖墙构造

引导问题 1：烧结普通黏土砖（标准砖）的规格尺寸是_____×_____×____mm。

引导问题 2：建筑中常用的砌筑砂浆有_____、_____和_____。

引导问题 3：砌筑砂浆按抗压强度不同，可分为_____、_____、_____、_____、M2.5 五个强度等级。

引导问题 4：为了保证墙体强度，砖砌体在砌筑时砖缝必须_____，_____，避免通缝。同时砖缝砂浆必须_____，_____。

引导问题 5：在砖墙砌筑中，把砖的长边垂直于墙面砌筑的砖称为_____；把砖的长边沿墙面砌筑的砖称为_____。

引导问题 6：在墙身中设置防潮层的目的是防止土壤中的水分_____和位于勒脚处的地面水_____。

引导问题 7：当室内垫层为混凝土等密实性材料时，水平防潮层应设置在_____，并低于室内地坪_____mm 处，同时应至少高于室外地坪 150mm，防止雨水溅湿墙体；当室内垫层为透水材料（如炉渣、碎石）时，水平防潮层应设置在_____或高于室内地面_____mm 处；当内墙两侧出现高差时，应在墙身内设置_____水平防潮层，并在_____设置垂直防潮层。

引导问题8：水平防潮层的构造做法常用两种，第一种是采用质量比为1：2水泥砂浆（掺3％～5％防水剂），厚度为_____mm或用防水砂浆砌筑_____。这种做法构造简单，但砂浆_____或_____会影响防潮效果；第二种是细石混凝土防潮，即采用_____mm厚，内配_____钢筋，适用于整体刚度要求较高的建筑中。

引导问题9：为防止屋顶落水或地表水下渗侵蚀基础，常在外墙四周将地面做成_____的坡面，以便将建筑物周围的水及时排离，这一坡面称为散水。散水的坡度通常为_____，宽度为_____，且比屋顶挑出檐口宽200mm。

引导问题10：_____称为勒脚。勒脚的作用是防止雨水_____，以及防止地面水对_____和避免_____，提高建筑物的耐久性，美化建筑等。

引导问题11：当墙体上开设门窗洞口时，为了_____的各种荷载，并把这些荷载传给_____的墙体，常在门窗洞口上设置横梁，即门窗过梁。常用的过梁形式有_____、_____和_____三种。

引导问题12：钢筋混凝土过梁一般不受_____的限制，应用比较普遍。为了施工方便，_____应与砖的皮数相适应，以方便墙体连续砌筑。_____一般同墙厚，梁两端支承在墙上的长度不少于_____mm，以保证足够的承压面积。

引导问题13：圈梁是_____及部分_____设置在_____的连续闭合的梁。圈梁可提高建筑物的_____及_____，增加墙体的稳定性。减少由于地震及地基不均匀沉降而引起的_____。圈梁有_____和_____圈梁两种。

引导问题14：钢筋砖圈梁梁高一般为_____皮砖，钢筋不宜少于_____，箍筋水平间距不宜大于_____mm，砂浆不宜低于_____，钢筋分上下两层布置。钢筋混凝土圈梁的高度是_____的整数倍不小于120mm；宽度与_____相同，当墙厚 $h \leqslant$ 240m 时，其宽度不宜小于 $2h/3$，即180mm。

引导问题15：当圈梁被门窗洞口截断时，应在洞口上部增设_____的附加圈梁，其配筋和混凝土强度等级均不变。

引导问题16：钢筋混凝土构造柱是从构造角度防止_____的一种有效措施。构造柱最小截面为_____mm×_____mm，纵向钢筋宜用_____，箍筋为_____间距不大于_____mm，且在柱上下端宜适当加密；构造柱与墙连结处_____，并应沿墙高每_____mm设_____拉结筋，每边伸入墙内不少于_____m。构造柱可不单独设_____，但应伸入室外地坪下_____mm，或锚入浅于_____mm的基础梁内。施工时应先放置构造柱_____，后_____，随着墙体的升高而逐段现浇混凝土构造柱身。

🔄 评价反馈

1. 学生进行自我评价，并将结果填入表3-2-1。

学生自评表　　　　　　　　　　　　　　　　　表 3-2-1

班级：　　　　姓名：　　　　学号：				
任务 3.2		墙体构造		
评价项目		评价标准	分值	得分
砖墙构造	砖墙材料	掌握砖的规格尺寸及分类； 掌握砂浆的分类及强度等级	5	
	砖墙组砌	掌握砖墙组砌要求及组砌方式	5	
	墙体防潮	理解并掌握墙体防潮层的位置设置及构造做法	10	
	散水	掌握散水的作用及构造要求	10	
	勒脚	掌握勒脚的作用及常见构造做法	10	
	门窗过梁	掌握门窗过梁的作用及构造做法	10	
	圈梁	掌握圈梁的作用及构造做法； 掌握附加圈梁的构造要点	10	
	构造柱	掌握构造柱的作用及构造做法	10	
工作态度		态度端正，无无故缺席、迟到、早退现象	10	
工作质量		能按计划完成工作任务	5	
协调能力		与小组成员、同学之间能合作交流、协调工作	5	
职业素质		能做到保护环境、爱护公共设施	5	
创新意识		能通过本小节工作任务,判断学校建筑群落不同墙体的组砌方式、墙体厚度以及墙体细部构造等	5	
合计			100	

2. 学生以小组为单位，对以上任务的过程和结果互评，将互评结果填入表 3-2-2。

学生互评表　　　　　　　　　　　　　　　　　表 3-2-2

班级：　　　　小组：						
任务 3.2		墙体构造				
评价项目	分值	评价对象得分				
掌握砖的规格尺寸及分类； 掌握砂浆的分类及强度等级	5					
掌握砖墙组砌要求及组砌方式	5					
理解并掌握墙体防潮层的位置设置及构造做法	10					
掌握散水的作用及构造要求	10					
掌握勒脚的作用及常见构造做法	10					
掌握门窗过梁的作用及构造做法	10					

掌握圈梁的作用及构造做法；掌握附加圈梁的构造要点	10					
掌握构造柱的作用及构造做法	10					
工作态度	10					
工作质量	5					
协调能力	5					
职业素质	5					
创新意识	5					
合计	100					

3. 教师对学生工作过程与结果进行评价，并将评价结果填入表3-2-3。

教师综合评价表 表 3-2-3

班级：	姓名：	学号：			
任务 3.2		墙体构造			
评价项目		评价标准	分值	得分	
砖墙构造	砖墙材料	掌握砖的规格尺寸及分类；掌握砂浆的分类及强度等级	5		
	砖墙组砌	掌握砖墙组砌要求及组砌方式	5		
	墙体防潮	理解并掌握墙体防潮层的位置设置及构造做法	10		
	散水	掌握散水的作用及构造要求	10		
	勒脚	掌握勒脚的作用及常见构造做法	10		
	门窗过梁	掌握门窗过梁的作用及构造做法	10		
	圈梁	掌握圈梁的作用及构造做法；掌握附加圈梁的构造要点	10		
	构造柱	掌握构造柱的作用及构造做法	10		
工作态度		态度端正，无无故缺席、迟到、早退现象	10		
工作质量		能按计划完成工作任务	5		
协调能力		与小组成员、同学之间能合作交流、协调工作	5		
职业素质		能做到保护环境、爱护公共设施	5		
创新意识		能通过本小节工作任务，判断学校建筑群落不同墙体的组砌方式、墙体厚度以及墙体细部构造等	5		
合计			100		
综合评价	自评(20%)	小组互评(30%)	教学评价(50%)	综合得分	

任务相关知识点

一、砖墙材料

砖墙是砖墙是由砖和砂浆按一定的规律和砌筑方式组合成的砌体，其主要材料是砖与砂浆。

1. 砖

砖按材料不同，有黏土砖、页岩砖、粉煤灰砖、灰砂砖、炉渣砖等；按形状分有实心砖、多孔砖和空心砖；按制作工艺又可分为烧结砖和非烧结砖。标准砖的规格为 240mm×115mm×53mm，每块砖的重量为 2.5～2.65kg。加入灰缝尺寸后，砖的长、宽、厚之比为 4∶2∶1。即一个砖长等于两个砖宽加灰缝（240mm＝2×115mm＋10mm）或约等于四个砖厚加三个灰缝（240mm≈4×53mm＋3×9.5mm）。

2. 砂浆

砂浆是砌块的胶结材料。常用的砂浆有水泥砂浆、混合砂浆、石灰砂浆等。砌筑砂浆按抗压强度可分为 M15、M10、M7.5、M5.0、M2.5 五个强度等级。

二、砖墙组砌

为了保证墙体的强度，砖砌体的砖缝必须横平竖直，错缝搭接，避免通缝。同时砖缝砂浆必须饱满，厚薄均匀，常用的错缝方法是将丁砖和顺砖上下皮交错砌筑。长边平行于墙面砌筑的砖称为顺砖，垂直于墙面砌筑的砖称为丁砖，每排列一层砖则称为一皮，上下皮之间的水平灰缝称为横缝，左右两块砖之间的垂直缝称为竖缝（图 3-2-1）。

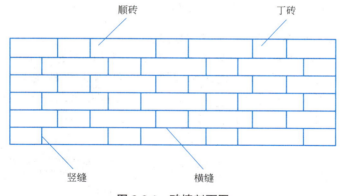

砖墙的组砌方式

图 3-2-1　砖墙剖面图

砖墙可根据砖块尺寸和数量采用不同的排列，借砂浆形成的灰缝，组合成各种不同的墙体。

三、墙体细部构造

墙体的细部构造包括墙体的防潮、散水、明沟、勒脚、窗台、过梁、圈梁、构造柱等。

墙体受潮的原因

1. 墙身防潮

在墙身中设防潮层的目的是防止土壤中的水分沿基础墙上升和位于勒脚处地面水渗入

墙体防潮位置

墙内，使墙身受潮。

（1）正确的水平防潮层位置

水平防潮层一般应在室内地面不透水垫层（如混凝土）范围以内，通常在-0.060m 标高处设置，而且至少要高于室外地坪 150mm，以防雨水溅湿墙身（图 3-2-2a）。当地面垫层为透水材料时（如碎石、炉渣等），水平防潮层的位置应平齐或高于室内地面 60mm，即在+0.060m 处（图 3-2-2b）。当两相邻房间之间室内地面有高差时，应在墙身内设置高低两道水平防潮层，并在靠土壤一侧设置垂直防潮层，以避免回填土中的潮气侵入墙身（图 3-2-2c）。

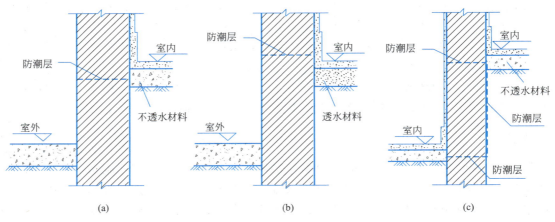

图 3-2-2　墙身防潮层的正确位置
（a）地面垫层为不透水材料；（b）地面垫层为透水材料；（c）室内地面有高差

墙体防潮层构造

（2）防潮层的构造做法（图 3-2-3）

防水砂浆防潮：在防潮层位置抹一层 20mm 或 30mm 厚 1：2 水泥砂浆掺 5％的防水剂配制成的防水砂浆；也可以用防水砂浆砌筑 4～6 皮砖。用防水砂浆作防潮层适用于抗震地区、独立砖柱和震动较大的砖砌体中，但砂浆开裂或不饱满时影响防潮效果。

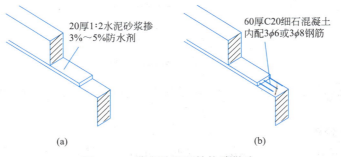

图 3-2-3　墙身防潮层的构造做法
（a）防水砂浆防潮；（b）细石混凝土防潮

细石混凝土防潮：在防潮层位置铺设 60mm 厚 C15 或 C20 细石混凝土，内配 $3\phi6$ 或 $3\phi8$ 钢筋以抗裂。由于混凝土密实性好，有一定的防水性能，并与砌体结合紧密，故适用于整体刚度要求较高的建筑中。

垂直防潮：在需设垂直防潮层的墙面（靠回填土一侧）先用水泥砂浆抹面，刷上冷底子油一道，再刷热沥青两道；也可以采用掺有防水剂的砂浆抹面的做法。

2. 散水与明沟

散水构造

为防止屋顶落水或地表水下渗侵蚀基础，常在外墙四周将地面做成向外倾斜的坡面，以便将建筑物周围的水及时排离，这一坡面称为散水。散水的做法通常是在素土夯实上铺三合土、混凝土等材料，厚度 60～70mm。散水的坡度通常为 3%～5%，宽度为 600～1000mm，且要比屋顶挑出檐口宽200mm，一般外缘高出室外地坪 30～50mm。在勒脚与散水交接处应留有 10～15mm 的通长缝，防止外墙下沉时将散水拉裂，缝内填弹性防水材料并用沥青砂浆封缝，以防渗水。散水整体面层纵向距离每隔 6～12m 做一道伸缩缝，缝宽 20mm，缝内处理同勒脚与散水相交处做法一样。散水的构造做法见图 3-2-4。

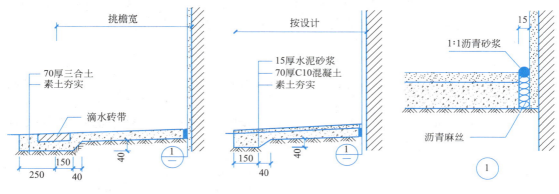

图 3-2-4　散水的构造

3. 勒脚

勒脚构造

外墙墙体下部靠近室外地坪的部分称为勒脚。它的作用是防止雨水上溅墙身，以及防止地面水对外墙的侵蚀和避免外界的碰撞，提高建筑物的耐久性，美化建筑等。勒脚的构造做法见图 3-2-5。

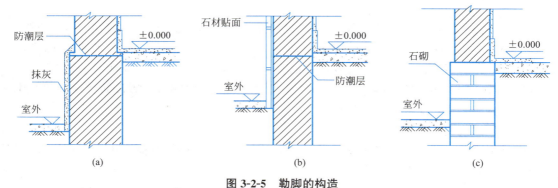

图 3-2-5　勒脚的构造
（a）抹灰类勒脚；（b）贴面类勒脚；（c）砌筑类勒脚

抹灰类勒脚表面：可采用 20mm 厚 1∶3 水泥砂浆抹面，1∶2 水泥白石子浆、水刷石或斩假石抹面，此法多用于一般建筑。

贴面类勒脚：可采用天然石材或人工石材，如花岗石、水磨石板等。其耐久性、装饰效果好，用于高标准建筑。

砌筑勒脚：采用条石、混凝土块等防水性好的材料砌筑。

4. 窗台

当室外雨水沿窗向下流淌时，为避免雨水渗入墙身且沿窗缝渗入室内，同时避免雨水污染外墙面，常在窗洞下部靠室外一侧设置窗台，窗台应向外形成 10% 左右的坡度。窗台有悬挑窗台和不悬挑窗台两种，悬挑窗台常采用顶砌一皮砖挑出 60mm 或将一砖侧砌并挑出 60mm，也可采用预制钢筋混凝土窗台挑出 60mm，悬挑窗台只在窗洞口下部用面砖做成斜坡，现在不少建筑采用这种形式。

5. 过梁

当墙体上开设门窗洞口时，为了承受洞口上部砌体传来的各种荷载，并把这些荷载传给洞口两侧的墙体，常在门窗洞口上设置横梁，即门窗过梁。常见的过梁有砖拱过梁、钢筋砖过梁和钢筋混凝土过梁三种。

（1）砖拱过梁

砖拱过梁是我国传统做法，见图 3-2-6。由竖砌的砖作拱圈，高度多为一砖，一般将砂浆灰缝做成上宽下窄，灰缝上部宽度不大于 15mm，下部宽度不应小于 5mm，两端下部伸入墙内 20～30mm。砖强度不低于 MU7.5，砂浆强度不能低于 M5。砖砌平拱过梁净跨宜小于 1.2m，不应超过 1.8m。

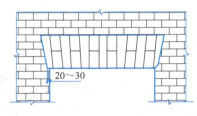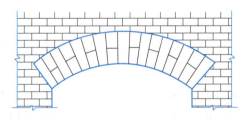

图 3-2-6　砖拱过梁

（2）钢筋砖过梁

钢筋砖过梁用砖强度不低于 MU7.5，砌筑砂浆强度不低于 M5，一般在沿口上方先支木模，再砖平砌，下设 2～3 根 $\phi6$ 钢筋放在第一皮砖下面的砂浆层内，要求伸入两端墙内不少于 240mm，并设 90°弯钩，埋在墙体的竖缝内。梁高砌 5～7 皮砖且不小于 1/4 洞口跨度的高度，钢筋砖过梁净跨宜为 1.5～2.0m，见图 3-2-7，在有抗震设防要求的建筑中，不宜采用砖砌平拱过梁和钢筋砖过梁。

（3）钢筋混凝土过梁

钢筋混凝土过梁一般不受跨度的限制，应用比较普遍。钢筋混凝土过梁有现浇和预制两种，梁高及配筋由计算确定。

为了施工方便，梁高应与砖的皮数相适应，以方便墙体连续砌筑，故梁高为 60mm、120mm、180mm、240mm，即 60mm 的整倍数。对于多孔砖墙体过梁高可为 90mm 的整

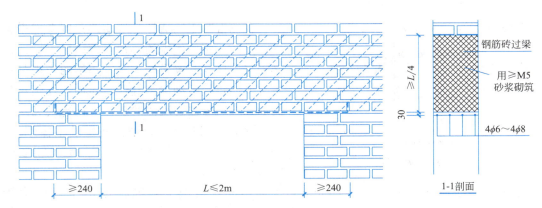

图 3-2-7 钢筋砖过梁

数倍。梁宽一般同墙厚，梁两端支承在墙上的长度不少于 240mm，以保证足够的承压面积。

过梁的断面形式有矩形和 L 形，矩形多用于内墙和混水墙，L 形多用于外墙和清水墙，见图 3-2-8。

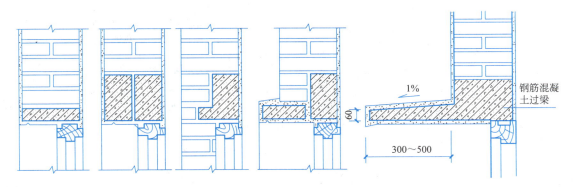

图 3-2-8 钢筋混凝土过梁

6. 圈梁

圈梁构造

圈梁是沿外墙四周及部分内墙设置在同一水平面上的连续闭合的梁。可提高建筑物的空间刚度及整体性，增加墙体的稳定性。减少由于地震及地基不均匀沉降而引起的墙身开裂或者倒塌。

圈梁有钢筋砖圈梁和钢筋混凝土圈梁两种。钢筋砖圈梁就是将前述的钢筋砖过梁沿外墙和部分内墙一周连通砌筑而成。梁高为 4～6 皮砖，钢筋不宜少于 $6\phi6$，箍筋水平间距不宜大于 120mm，砂浆强度不宜低于 M5，钢筋分上下两层布置。

钢筋混凝土圈梁的高度是砖厚的整数倍不小于 120mm；宽度与墙厚相同，当墙厚 $h\leqslant$ 240m 时，其宽度不宜小于 $2h/3$，即 180mm。

当圈梁被门窗洞口截断时，应在洞口上部增设相同截面的附加圈梁，其配筋和混凝土强度等级均不变，见图 3-2-9。对于有抗震要求的建筑物，圈梁应完全闭合，不得被洞口所截断。

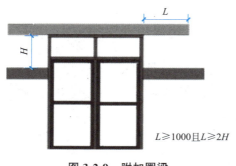

图 3-2-9 附加圈梁

$L \geqslant 1000$且$L \geqslant 2H$

7. 构造柱

钢筋混凝土构造柱是从构造角度考虑设置的，是防止房屋倒塌的一种有效措施。构造柱必须与墙体及圈梁紧密连接。圈梁的作用是在水平方向将楼板和墙体箍住，而构造柱则从竖向加强层与层之间墙体的连接。构造柱和圈梁共同形成空间骨架，以增强房屋的整体刚度，提高墙体抵抗变形的能力，并使砖墙在受震开裂时不倒。

构造柱最小截面为 180mm×240mm，纵向钢筋宜用 4ϕ12，箍筋为 ϕ6 间距不大于 250mm，且在柱上下端宜适当加密；构造柱与墙连结处宜砌成马牙槎，并应沿墙高每 500mm 设 2ϕ6 拉结筋，每边伸入墙内不少于 1m。构造柱可不单独设基础，但应伸入室外地坪下 500mm，或锚入浅于 500mm 的基础梁内。施工时应先放置构造柱钢筋骨架，后砌墙，随着墙体的升高而逐段现浇混凝土构造柱身，见图 3-2-10。

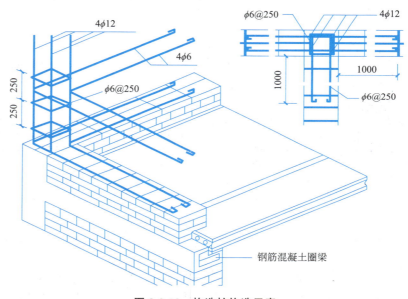

图 3-2-10 构造柱构造示意

任务 3.3 隔墙构造

 任务概述

本节内容包括：隔墙设计要求，块材隔墙、轻骨架隔墙、板材隔墙的构造做法，为学生识读和理解建筑施工图中常见隔墙的构造打下基础。

 学习目标

1. 了解隔墙的设计要求；
2. 掌握常见块材隔墙的构造做法；
3. 掌握轻骨架隔墙的构造做法；
4. 掌握常见板材隔墙的构造做法。

 任务分组

班级		组号		指导教师		
组长		学号				
组员	姓名	学号	姓名	学号	姓名	学号
任务分工						

 工作实施

1. 隔墙设计要求

引导问题 1：隔墙通常搁置在_____，因而要求它重量轻，以减少_____承受的荷载。

引导问题 2：隔墙在满足稳定要求的情况下，厚度_____，以减少它的结构面积，增加房间的使用面积。

引导问题 3：为了适应房间分隔可以变化的要求，隔墙应_____，同时还要满足内外声音_____的要求。

2. 块材隔墙

引导问题 4：块材隔墙是指用普通黏土砖和_____砌筑的墙体。

引导问题 5：普通砖隔墙有_____厚和_____厚。

引导问题 6：半砖墙使用普通砖_____砌筑而成，砂浆强度不低于_____。为了保证隔墙不承重，在砖墙砌筑到楼板底部或梁底部时，将_____一皮，然后用砂浆灌缝。

引导问题 7：为了减轻隔墙自重，可采用_____，砌块不够整块时宜用_____填补，砌块隔墙砌筑时在墙体下部_____再砌筑砌块。

3. 轻骨架隔墙

引导问题 8：轻骨架隔墙由_____和_____两部分组成，由于先立_____，再做_____，故又称为_____。

引导问题 9：骨架有_____和_____等，通称为龙骨或墙筋，龙骨又分为_____、_____、_____、横筋和斜撑。面板有_____、_____、石膏板等。

4. 板材隔墙

引导问题10：板材隔墙是指_____板材的高度相当于房间净高，不依赖骨架，可直接_____而成，目前多采用条板，如碳化石灰板、加气混凝土条板、多孔石膏板、纸蜂窝板、水泥刨花板、复合板等。

引导问题11：条板隔墙安装限制高度：60mm厚时墙高_____m，90mm厚时墙高_____m，1200mm厚时墙高_____m。

🔄 评价反馈

1. 学生进行自我评价，并将结果填入表3-3-1。

学生自评表 表 3-3-1

班级：		姓名：	学号：		
任务 3.3			隔墙构造		
评价项目			评价标准	分值	得分
隔墙分类	块材隔墙		掌握常见 1/2 和 1/4 块材隔墙构造	20	
	轻骨架隔墙		掌握轻骨架隔墙构造	20	
	板材隔墙		掌握常见板材隔墙构造	20	
	工作态度		态度端正，无无故缺席、迟到、早退现象	10	
	工作质量		能按计划完成工作任务	10	
	协调能力		与小组成员、同学之间能合作交流、协调工作	10	
	职业素质		能做到保护环境、爱护公共设施	5	
	创新意识		能通过本小节工作任务，判断学校建筑群落不同隔墙的类型	5	
	合计			100	

2. 学生以小组为单位，对以上任务的过程和结果互评，将互评结果填入表3-3-2。

学生互评表 表 3-3-2

班级：	小组：				
任务 3.3		隔墙构造			
评价项目	分值	评价对象得分			
掌握常见 1/2 和 1/4 块材隔墙构造	20				
掌握轻骨架隔墙构造	20				
掌握常见板材隔墙构造	20				
工作态度	10				
工作质量	10				
协调能力	10				
职业素质	5				
创新意识	5				
合计	100				

3. 教师对学生工作过程与结果进行评价，并将评价结果填入表 3-3-3。

教师综合评价表　　　　　　　　　　　　表 3-3-3

班级：　　　姓名：　　　学号：				
任务 3.3	墙体构造			
评价项目	评价标准		分值	得分
隔墙分类　块材隔墙	掌握常见 1/2 和 1/4 块材隔墙构造		20	
轻骨架隔墙	掌握轻骨架隔墙构造		20	
板材隔墙	掌握常见板材隔墙构造		20	
工作态度	态度端正，无无故缺席、迟到、早退现象		10	
工作质量	能按计划完成工作任务		10	
协调能力	与小组成员、同学之间能合作交流、协调工作		10	
职业素质	能做到保护环境、爱护公共设施		5	
创新意识	能通过本小节工作任务，判断学校建筑群落不同建筑隔墙的类型		5	
合计			100	
综合评价	自评(20%)	小组互评(30%)	教学评价(50%)	综合得分

 任务相关知识点

一、隔墙设计要求

建筑物中不承重，只起分隔室内空间作用的墙体叫作隔墙。常用隔墙有块材隔墙、轻骨架隔墙和板材隔墙等。隔墙在设计时有以下一些要求：

1. 自重轻。隔墙通常搁置在梁或楼板上，因而要求它重量轻，以减少梁和楼板承受的荷载。

2. 保证安全。隔墙要与周边构件连接牢固，稳定性能好。隔墙的材料还要耐火、耐水、耐腐蚀。

3. 厚度薄。在满足稳定要求的情况下，隔墙的厚度要薄，以减少它的结构面积，增加房间的使用面积。

4. 隔声好。满足内外声音不相互影响的要求。

5. 灵活性强。为了适应房间分隔可以变化的要求，隔墙应拆装方便。在高级建筑中，常在顶棚和地面预留金属连接件，以便按照不同的要求，变更其位置。

6. 施工方便。尽量减少湿作业，提高效率，降低造价。

二、块材隔墙

块材隔墙是指用普通黏土砖和各种轻质砌块砌筑的墙体。

1. 普通砖隔墙

普通砖隔墙有 1/2 砖厚和 1/4 砖厚两种。

半砖墙使用普通砖全顺式砌筑而成，砂浆强度不低于 M5。砌筑较大面积墙体时，长度超过 6m 应设砖壁柱，高度超过 5m 时应在门过梁处设通长钢筋混凝土现浇带，或沿高度每隔一定皮数砌筑构造钢筋。

为了保证隔墙不承重，在砖墙砌筑到楼板底部或梁底部时，将立砖斜砌一皮，或将空隙塞木楔打紧，然后用砂浆灌缝，见图 3-3-1。

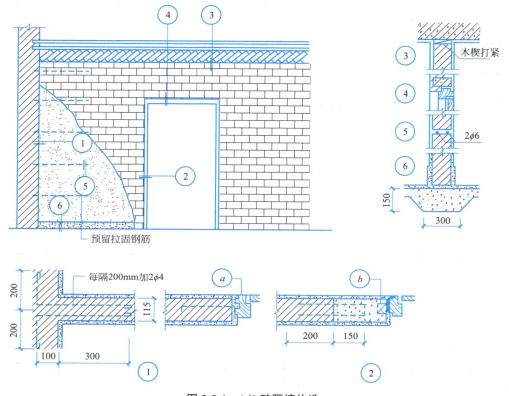

图 3-3-1　1/2 砖隔墙构造

2. 砌块隔墙

为了减轻隔墙自重，可采用轻质砌块，如加气混凝土砌块、粉煤灰砌块、水泥炉渣空心砌块等。砌块不够整块时宜用普通黏土砖填补，砌块大多具有质轻、孔隙率大、隔热性能好等特点，但吸水量大，故在砌块隔墙砌筑时在墙体下部实砌 3～5 皮砖再砌筑砌块，如图 3-3-2 所示。

3. 轻骨架隔墙

轻骨架隔墙由骨架和面板层两部分组成，由于先立墙筋（骨架），再做面层，故又称为立筋式隔墙。骨架有木材和金属等，通称为龙骨或墙筋，龙骨又分为上槛、下槛、纵筋、横筋和斜撑，如图 3-3-3 所示。面板有胶合板、纤维板、石膏板等。

4. 板材隔墙

板材隔墙是指各种轻质板材的高度相当于房间净高，不依赖骨架，可直接装配而成，目前多采用条板，如碳化石灰板、加气混凝土条板、多孔石膏板、纸蜂窝板、水泥刨花板、复合板等。

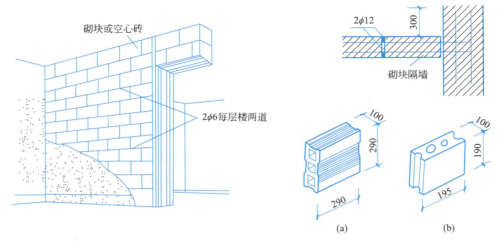

图 3-3-2　砌块隔墙

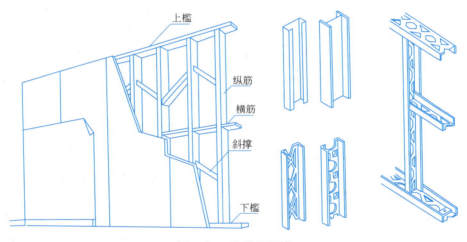

图 3-3-3　轻骨架隔墙

条板隔墙安装限制高度：60mm 厚时墙高 3.0m，90mm 厚时墙高 4.0m，1200mm 厚时墙高 5.0m。

任务 3.4　幕墙的构造

💡 任务概述

本节内容包括：玻璃幕墙、金属幕墙、石板幕墙的构造做法，为学生识读和理解建筑施工图中常见幕墙的构造打下基础。

学习目标

1. 了解幕墙的分类特点；
2. 掌握玻璃幕墙的构造做法；
3. 了解金属幕墙的构造做法；
4. 了解石材幕墙的构造做法。

 任务分组

班级		组号		指导教师	
组长		学号			
组员	姓名	学号	姓名	学号	姓名	学号
任务分工						

工作实施

1. 玻璃幕墙

引导问题1：玻璃幕墙是由_____与_____组成的建筑外围护结构。玻璃幕墙按其组合方式和构造做法的不同可分为_____玻璃幕墙、_____玻璃幕墙、_____幕墙和点式玻璃幕墙等。

引导问题2：明框玻璃幕墙是_____显露在外表面的玻璃幕墙，由立柱、横梁组成框格，并在幕墙框格的镶嵌槽中_____。

引导问题3：隐框玻璃幕墙是将_____用硅酮结构胶粘接于金属附框上，以连接件将金属附框固定于幕墙_____和_____所形成的框格上的幕墙形式。因其外表看不见_____，故称为隐框玻璃幕墙。

引导问题4：全玻幕墙是由_____和_____制作的玻璃幕墙。全玻幕墙的支承系统分为_____、_____和_____三种。

引导问题5：点式玻璃幕墙采用在面板上穿孔的方法，用_____来固定幕墙面板。

2. 金属幕墙

引导问题6：金属幕墙是由_____与_____组成的，不承担主体结构荷载与作用的建筑外围护结构。金属板一般包括_____、_____、_____、不锈钢板等。

3. 石材幕墙

引导问题7：石材幕墙是由_____与_____组成的，不承担主体结构荷载与作用的建筑外围结构。石材幕墙由于石板较重，金属构架的立柱常用_____、_____

或_____，横梁常采用_____。

 评价反馈

1. 学生进行自我评价，并将结果填入表 3-4-1。

学生自评表 表 3-4-1

班级：	姓名：	学号：			
任务 3.4		幕墙的构造			
评价项目		评价标准		分值	得分
幕墙构造	玻璃幕墙	掌握明框式、隐框式、无框式等玻璃幕墙的构造		30	
	金属幕墙	了解金属幕墙的构造		10	
	石材幕墙	了解石材幕墙的构造		10	
工作态度		态度端正，无无故缺席、迟到、早退现象		10	
工作质量		能按计划完成工作任务		10	
协调能力		与小组成员、同学之间能合作交流、协调工作		10	
职业素质		能做到保护环境、爱护公共设施		10	
创新意识		能通过本小节工作任务，判断学校建筑群落不同建筑幕墙的类型		10	
合计				100	

2. 学生以小组为单位，对以上任务的过程和结果互评，将互评结果填入表 3-4-2。

学生互评表 表 3-4-2

班级：	小组：				
任务 3.4		幕墙的构造			
评价项目	分值	评价对象得分			
掌握明框式、隐框式、无框式等玻璃幕墙的构造	30				
了解金属幕墙的构造	10				
了解石材幕墙的构造	10				
工作态度	10				
工作质量	10				
协调能力	10				
职业素质	10				
创新意识	10				
合计	100				

3. 教师对学生工作过程与结果进行评价，并将评价结果填入表 3-4-3。

教师综合评价表   表 3-4-3

班级：	姓名：	学号：			
任务 3.4		幕墙的构造			
评价项目		评价标准		分值	得分
幕墙构造	玻璃幕墙	掌握明框式、隐框式、全玻式等玻璃幕墙的构造		30	
	金属幕墙	了解金属幕墙的构造		10	
	石材幕墙	了解石材幕墙的构造		10	
工作态度		态度端正，无无故缺席、迟到、早退现象		10	
工作质量		能按计划完成工作任务		10	
协调能力		与小组成员、同学之间能合作交流、协调工作		10	
职业素质		能做到保护环境、爱护公共设施		10	
创新意识		能通过本小节工作任务，判断学校建筑群落不同建筑幕墙的类型		10	
合计				100	
综合评价	自评（20%）	小组互评（30%）	教学评价（50%）	综合得分	

📚 任务相关知识点

建筑幕墙是以装饰板材为基准面，内部框架体系为支撑，通过一定的连接件和紧固件结合而成的建筑物外墙的一种新的形式，从外看形似挂幕，故称为幕墙。幕墙按材料分可分为玻璃幕墙、金属幕墙和石材幕墙等类型。

3.4.1　玻璃幕墙构造

玻璃幕墙是由金属构件与玻璃板组成的建筑外围护结构。按其组合方式和构造做法的不同有明框玻璃幕墙、隐框玻璃幕墙、全玻幕墙和点式玻璃幕墙等。

1. 明框玻璃幕墙

明框玻璃幕墙是金属框架构件显露在外表面的玻璃幕墙，由立柱、横梁组成框格，并在幕墙框格的镶嵌槽中安装固定玻璃，如图 3-4-1 所示。

2. 隐框玻璃幕墙

隐框玻璃幕墙是将玻璃用硅酮结构胶粘接于金属附框上，以连接件将金属附框固定于幕墙立柱和横梁所形成的框格上的幕墙形式。因其外表看不见框料，故称为隐框玻璃幕墙，隐框玻璃幕墙又可分为全隐框玻璃幕墙和半隐框玻璃幕墙两种。半隐框玻璃幕墙可以是横明竖隐，也可以是竖明横

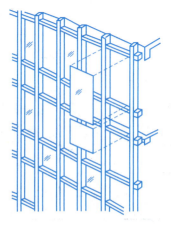
图 3-4-1　明框式玻璃幕墙

隐，如图 3-4-2 所示。

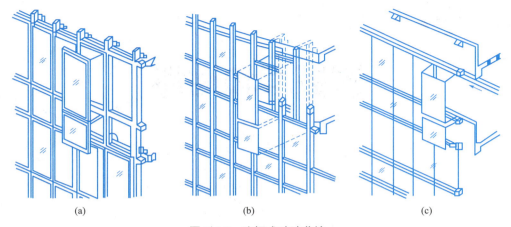

图 3-4-2　隐框式玻璃幕墙

（a）全隐框式；（b）竖框式（竖明横隐）；（c）横框式（横明竖隐）

3. 全玻幕墙

全玻幕墙是由玻璃板和玻璃肋制作的玻璃幕墙。全玻幕墙的玻璃固定方式有上部悬挂式和下部支承式。

全玻式幕墙的玻璃固定方式

4. 点式玻璃幕墙

点式玻璃幕墙采用在面板上穿孔的方法，用金属的爪件来固定幕墙面板。这种方法多用于需要大片通透效果的玻璃幕墙上，每片玻璃通常开孔 4～6 个。

点式玻璃幕墙

3.4.2　金属幕墙

金属幕墙是由金属构架与金属板材组成的，不承担主体结构荷载与作用的建筑外围护结构。金属板一般包括单层铝板、铝塑复合板、蜂窝铝板、不锈钢板等。金属幕墙构造与隐框玻璃幕墙构造基本一致。

3.4.3　石材幕墙

石材幕墙是由金属构架与建筑石板组成的，不承担主体结构荷载与作用的建筑外围结构。石材幕墙由于石板（多为花岗石）较重，金属构架的立柱常用镀锌方钢、槽钢或角钢，横梁常采用角钢。立柱和横梁与主体的连接固定与玻璃幕墙的连接方法基本一致。

楼板层和地坪

任务 4.1　概述

 任务概述

本节内容包括：钢筋混凝土楼板层和地坪层的组成、类型和设计要求。

 学习目标

1. 掌握楼板层的组成及设计要求；
2. 熟悉楼板的类型及特点；
3. 掌握地坪层的组成及设计要求。

 任务分组

班级		组号		指导教师		
组长		学号				
组员	姓名	学号	姓名	学号	姓名	学号
任务分工						

 工作实施

1. 楼板层的组成及设计要求

引导问题 1：依据建筑使用的要求，楼板层一般分为＿＿＿＿、＿＿＿＿层、＿＿＿＿和＿＿＿＿四部分组成。

引导问题 2：＿＿＿＿要求是指楼板层和地层在自重和使用荷载作用下安全可靠，不发生任何破坏。＿＿＿＿要求是指楼板在一定的荷载作用下不发生过大的变形，保证正常使用。

引导问题 3：采暖房间的楼地面，可不采取保温措施，但遇下列情况之一时应采取局部保温措施：直接对室外的＿＿＿＿或＿＿＿＿部分楼层地面，或临非采暖房间的楼层地面。

楼板层的组成　楼板层的类型　地坪层的组成
及设计要求　　　及特点　　　　及设计要求

引导问题4：除耐火等级为四级的建筑外，楼板燃烧性能均为_____；耐火等级由一级到三级建筑的楼板耐火极限分别是_____h、_____h、_____h。

引导问题5：对于厨房、厕所、卫生间等一些地面潮湿、易积水的房间，处理好楼地层的_____、_____问题。

2. 楼板的类型及特点

引导问题6：建筑楼板所采用的材料不同，楼板大致可分为_____楼板、_____楼板以及_____楼板等形式。

引导问题7：木地板具有构造简单、自重较轻、生态环保、装饰效果好、脚感舒适等优点，但其不易保养，_____性能不好，不耐_____，_____性能较差，再加上价格较高，现已较少采用。

引导问题8：钢筋混凝土楼板具有_____高、_____好、_____性和_____性好等优点，还具有良好的可塑性，便于工业化生产，是目前工业与民用建筑中最常用的楼板类型。

引导问题9：压型钢板既可以作为混凝土面层的模板，又起_____作用，同时增加了楼板的_____，可以适应更大跨度的建筑空间。

3. 地坪层的组成及设计要求

引导问题10：地坪层通常是指底层地坪，由_____、_____和_____组成。

引导问题11：垫层为承重层和面层之间的填充层，一般起_____和_____的作用。一般采用_____素混凝土或焦渣混凝土做垫层，厚度为_____mm。

引导问题12：基层为地坪的_____，一般为土壤。

引导问题13：有时候为了满足某些特殊使用功能要求而在面层和垫层之间增设附加层，如_____层、_____附加层、_____层。

引导问题14：地坪层的设计要求包括：_____、_____和_____。

评价反馈

1. 学生进行自我评价，并将结果填入表4-1-1。

学生自评表   表 4-1-1

班级：	姓名：	学号：		
任务4.1		概述		
评价项目		评价标准	分值	得分
楼板层的组成及设计要求	楼板层的基本组成	掌握面层、结构层、附加层和顶棚层的作用	10	
	楼板层的设计要求	掌握强度和刚度、隔声、热工、防火要求	10	
楼板的类型及特点	木楼板	熟悉木楼板的组成和特点	10	
	钢筋混凝土楼板	掌握钢筋混凝土楼板的组成和特点	10	
	压型钢板组合楼板	了解压型钢板组合楼板的组成和特点	10	

续表

地坪层的组成及设计要求	地坪层的组成	掌握面层、垫层、基层和附加层的作用	10	
	地坪层的设计要求	掌握地坪层的设计要求	10	
工作态度		态度端正，无无故缺席、迟到、早退现象	10	
工作质量		能按计划完成工作任务	5	
协调能力		与小组成员、同学之间能合作交流、协调工作	5	
职业素质		能做到保护环境、爱护公共设施	5	
创新意识		能通过本小组工作任务，叙述学校建筑楼地层的组成	5	
合计			100	

2. 学生以小组为单位，对以上任务进行互评，将结果填入表 4-1-2。

学生互评表　　　　　　　　　　　　　　　　　　　　表 4-1-2

班级：　　　　　小组：					
任务 4.1		概述			
评价项目	分值	评价对象得分			
掌握楼板层的组成及设计要求	20				
熟悉木楼板的组成和特点	10				
掌握钢筋混凝土楼板的组成和特点	10				
了解压型钢板组合楼板的组成和特点	10				
掌握面层、垫层、基层和附加层的作用	10				
掌握地坪层的设计要求	10				
工作态度	10				
工作质量	5				
协调能力	5				
职业素质	5				
创新意识	5				
合计	100				

3. 教师对学生工作过程与结果进行评价，将评价结果填入表 4-1-3。

教师综合评价表

表 4-1-3

班级：　　　　姓名：　　　　学号：				
任务 4.1		概述		
评价项目		评价标准	分值	得分
楼板层的组成及设计要求	楼板层的基本组成	掌握面层、结构层、附加层和顶棚层的作用	10	
	楼板层的设计要求	掌握强度和刚度、隔声、热工、防火要求	10	
楼板的类型及特点	木楼板	熟悉木楼板的组成和特点	10	
	钢筋混凝土楼板	掌握钢筋混凝土楼板的组成和特点	10	
	压型钢板组合楼板	了解压型钢板组合楼板的组成和特点	10	
地坪层的组成及设计要求	地坪层的组成	掌握面层、垫层、基层和附加层的作用	10	
	地坪层的设计要求	掌握地坪层的设计要求	10	
工作态度		态度端正，无无故缺席、迟到、早退现象	10	
工作质量		能按计划完成工作任务	5	
协调能力		与小组成员、同学之间能合作交流、协调工作	5	
职业素质		能做到保护环境、爱护公共设施	5	
创新意识		能通过本小组工作任务，叙述学校建筑楼地层的组成	5	
合计			100	
综合评价	自评(20%)	互评(30%)	教师评价(50%)	综合得分

 任务相关知识点

楼板层也称为楼层，一般分为面层和楼板层，是建筑构造中的水平承重构件。它的功能是把作用于其上面的各种固定荷载、活动荷载（人、家具等）传递给承重的墙或柱等竖向构件，同时对墙体（或梁、柱）起水平支撑和加强结构整体性的作用。

4.1.1　楼板层的组成及设计要求

1. 楼板层的基本要求

依据建筑使用的要求，楼板层一般分为面层、楼板结构层、附加层和顶棚层四部分，如图 4-1-1 所示。

（1）面层。面层又称为楼面层，起着保护楼板、承受并传递荷载的作用，同时对室内有很重要的清洁及装饰作用。

（2）楼板结构层。它是楼板层的承重部分，主要功能在于承受楼板层上的全部荷载并将这些荷载传给墙或柱；同时还对墙身起水平支撑作用，帮助墙身抵抗和传递由风或地震等所产生的水平力，以加强建筑物的整体刚度。

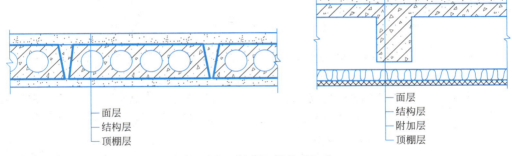

图 4-1-1　楼板层的基本组成

（3）附加层。又被称为功能层，根据楼板层的具体要求设置，主要作用是隔声防噪、保温隔热、防潮防水、防腐蚀、防静电等。根据需要，有时和面层合二为一，有时又和吊顶合为一体。

（4）顶棚层。楼板顶棚层位于楼板层最下层，主要作用是保护楼板、安装灯具、遮挡各种水平管线、改善使用功能、装饰美化室内空间。

2. 楼板层的设计要求

（1）强度和刚度要求。强度要求是指楼板层和地层在自重和使用荷载作用下安全可靠，不发生任何破坏。刚度要求是指楼板在一定的荷载作用下不发生过大的变形，保证正常使用。

（2）隔声要求。楼层应具有一定的隔声能力，以防止噪声通过楼板传导至周边相邻的房间，影响使用。根据《住宅设计规范》GB 50096—2011 第 7.3.2 条的规定，楼板的空气声隔声性能应符合下列规定：

1）分隔卧室、起居室（厅）的分户墙和分户楼板，空气声隔声评价量（$R_w + C$）应大 45dB。

2）分隔住宅和非居住用途空间的楼板，空气声隔声评价量（$R_w + C_{tr}$）应大于 51dB。

不同的建筑空间的隔声要求也不尽相同，如录音室、广播室、同声传译等隔声要求较高。提高楼层隔声能力的措施有很多种，例如在楼板面铺设橡胶、地毯等弹性面层，在楼板下设置吊顶。

（3）热工要求。采暖房间的楼地面，可不采取保温措施，但遇下列情况之一时应采取局部保温措施：直接对室外的架空或悬挑部分楼层地面，或临非采暖房间的楼层地面。

（4）防火要求。通常情况下应根据建筑物的消防类别和楼地层的耐火等级对楼板进行设计，建筑物的耐火等级对构件的耐火极限和抗燃烧性能有一定要求。建筑整体的耐火性能是保证建筑结构在火灾时不发生较大破坏的根本，而楼板燃烧性能和耐火极限是影响建筑整体耐火性能的重要组成部分。故根据《建筑设计防火规范（2018 年版）》GB 50016—2014 第 5.1.2 条的规定，除耐火等级为四级的建筑外，楼板燃烧性能均为不燃烧性；耐火等级由一级到三级建筑的楼板耐火极限分别是 1.5h、1.0h、0.5h。

（5）防水、防潮要求。对于厨房、厕所、卫生间等一些地面潮湿、易积水的房间，处理好楼地层的防水、防潮问题。

4.1.2 楼板的类型及特点

建筑楼板所采用的材料不同，楼板大致可分为木楼板、钢筋混凝土楼板以及钢衬板楼板等形式。

（1）木楼板由木梁和木地板组成。木地板具有构造简单、自重较轻、生态环保、装饰效果好、脚感舒适等优点，但其不易保养，耐火性能不好，不耐腐蚀，耐久性能较差，再加上价格较高，现已较少采用。

（2）钢筋混凝土楼板一般由钢筋混凝土梁、钢筋混凝土板组成。钢筋混凝土楼板具有强度高、刚度好、耐火性和耐久性好等优点，还具有良好的可塑性，便于工业化生产，是目前工业与民用建筑中最常用的楼板类型。钢筋混凝土楼板按其施工方法不同，可分为现浇式、装配式和装配整体式三种。

（3）钢衬板楼板也称为压型钢板组合楼板，是指以压型钢板为底模，用截面为凹凸相间的压型薄钢板与现浇混凝土面层组合在一起，形成整体性很强的楼板结构。压型钢板既可以作为混凝土面层的模板，又起结构作用，同时增加了楼板的刚度，可以适应更大跨度的建筑空间。压型钢板组合楼板的梁数量减少了，楼板的自重减轻了，施工进度更快，所以使用范围越来越广泛，使用量越来越大。

4.1.3 地坪层的组成及设计要求

1. 地坪层的组成

地坪层通常是指底层地坪，由面层、垫层、基层和附加层组成，如图 4-1-2 所示。

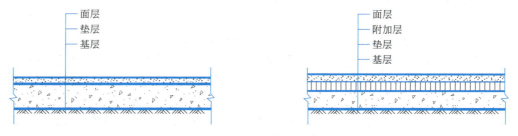

图 4-1-2 地坪层的组成

（1）面层是人们生活、工作直接接触的表面。所以要求地面的材料有较好的耐久性，并对室内有一定的装饰效果。

（2）垫层为承重层和面层之间的填充层，一般起找平和传递荷载的作用。一般采用 C10 素混凝土或焦渣混凝土做垫层，厚度为 60～100mm。

（3）基层为地坪的承重层，一般为土壤。

（4）附加层。有时候为了满足某些特殊使用功能要求而在面层和垫层之间增设附加层，如防水层、管线附加层、保温层。

2. 地坪层的设计要求

（1）坚固方面的要求。地面要有足够的强度，以便承载人、家具、设备等荷载而不破坏。

（2）热工方面的要求。在北方温暖地区的冬季，地面应给人们以温暖舒适的感觉，保证寒冷季节脚部舒适。

（3）具有一定的弹性。当人们行走时不致有过硬的感觉，同时，有弹性的地面对防撞击声有利。

（4）防潮、防水、防火、耐腐蚀、易清洁等方面的要求。对有水作用的房间（如卫生间），地面应防潮防水；对有火灾隐患的房间，应防火耐燃烧；对有酸碱作用的房间，则要求具有耐腐蚀的能力等。

任务 4.2　钢筋混凝土楼板

 任务概述

本节内容包括：钢筋混凝土楼板层的构造原理和结构布置特点。钢筋混凝土楼板分为现浇式、装配式和装配整体式三种。

 学习目标

1. 了解钢筋混凝土楼板的分类及特点；
2. 掌握钢筋混凝土楼板的设置要求；
3. 掌握钢筋混凝土楼板的构造要求。

 任务分组

班级		组号		指导教师	
组长		学号			
组员	姓名	学号	姓名	学号	姓名	学号
任务分工						

 工作实施

1. 现浇钢筋混凝土楼板分类及特点

引导问题1：现浇钢筋混凝土楼板_____好，特别适用于有_____要求的多层房

现浇钢筋
混凝土楼板　　装配式钢筋
混凝土楼板　　装配整体式钢筋
混凝土楼板

屋和对整体性要求较高的其他建筑。

引导问题2：当板的长边与短边之比大于____时，为单向板。

引导问题3：当房间的跨度较大时，楼板承受的弯矩也较大，可以在楼板内设梁，这种梁和楼板结合的楼板就称为_____楼板。

引导问题4：_____楼板是将板直接支承在柱和墙上，不设梁的楼板。

引导问题5：压型钢板组合楼板由_____、_____和现浇混凝土三部分组成。

2. 预制装配式钢筋混凝土楼板分类及特点

引导问题6：预制钢筋混凝土楼板，根据其截面形式可分为_____、_____和_____三类。

引导问题7：实心板规格较小，跨度一般在_____m左右，板厚一般为_____mm。

引导问题8：空心板安装前，应在板端的圆孔内填塞_____混凝土短圆柱（即堵头），以避免板端被压坏。

引导问题9：为了满足安全要求，板应有足够的搁置长度要求：支承于梁上时其搁置长度应不小于_____mm；支承于内墙上时其搁置长度应不小于_____mm；支承于外墙上时其搁置长度应不小于_____mm。

引导问题10：预制板铺板前，先在墙或梁上用_____mm厚_____水泥砂浆找平（即坐浆），然后再铺板。

3. 装配整体式钢筋混凝土楼板分类及特点

引导问题11：装配整体式钢筋混凝土楼板兼有_____和_____双重优越性。

引导问题12：密肋填充块楼板的密肋有_____和_____两种。

引导问题13：预制薄板叠合楼板的跨度一般为_____m，_____m以内较为经济，最大跨度可达_____m。

🔄 **评价反馈**

1. 学生进行自我评价，并将结果填入表4-2-1。

学生自评表　　　　　　　　　　　表4-2-1

班级：　　　姓名：　　　学号：				
任务4.2		钢筋混凝土楼板		
评价项目		评价标准	分值	得分
现浇钢筋混凝土楼板	板式楼板	掌握单向板和双向板的传力路径和尺寸规定	10	
	梁板式楼板	熟悉梁板式楼板设置原则和主、次梁，纵、横梁等概念	10	
	无梁楼板	了解无梁楼板的结构组成	10	
	压型钢板组合楼板	了解压型钢板组合楼板的结构组成	10	

续表

装配式钢筋混凝土楼板	预制钢筋混凝土楼板的类型	熟悉实心平板、槽形板、空心板的结构形式	10	
	预制板细部与构造	掌握板的布置方式和搁置要求	10	
装配整体式钢筋混凝土楼板	密肋填充块楼板	了解密肋填充块楼板的构造和要求	5	
	预制薄板叠合楼板	了解预制薄板叠合楼板的构造和要求	5	
工作态度		态度端正,无无故缺席、迟到、早退现象	10	
工作质量		能按计划完成工作任务	5	
协调能力		与小组成员、同学之间能合作交流、协调工作	5	
职业素质		能做到保护环境、爱护公共设施	5	
创新意识		能通过本小组工作任务,判断学校建筑建筑楼板类型	5	
合计			100	

2. 学生以小组为单位，对以上任务进行互评，将结果填入表 4-2-2。

学生互评表　　　　　　　　　　　　　　　　表 4-2-2

班级：　　　　小组：						
任务 4.2		钢筋混凝土楼板				
评价项目	分值	评价对象得分				
掌握板式楼板的结构和要求	10					
掌握梁板式楼板的结构和要求	10					
了解无梁楼板的结构和要求	10					
了解压型钢板组合楼板的结构和要求	10					
掌握预制钢筋混凝土楼板的类型	10					
掌握预制板细部与构造	10					
了解装配整体式钢筋混凝土楼板的构造和要求	10					
工作态度	10					
工作质量	5					
协调能力	5					
职业素质	5					
创新意识	5					
合计	100					

3. 教师对学生工作过程与结果进行评价，将评价结果填入表 4-2-3。

教师综合评价表 表 4-2-3

班级：	姓名：	学号：		
任务 4.2		钢筋混凝土楼板		
评价项目		评价标准	分值	得分
现浇钢筋混凝土楼板	板式楼板	掌握单向板和双向板的传力路径和尺寸规定	10	
	梁板式楼板	熟悉梁板式楼板设置原则和主、次梁，纵、横梁等概念	10	
	无梁楼板	了解无梁楼板的结构组成	10	
	压型钢板组合楼板	了解压型钢板组合楼板的结构组成	10	
装配式钢筋混凝土楼板	预制钢筋混凝土楼板的类型	熟悉实心平板、槽形板、空心板的结构形式	10	
	预制板细部与构造	掌握板的布置方式和搁置要求	10	
装配整体式钢筋混凝土楼板	密肋填充块楼板	了解密肋填充块楼板的构造和要求	5	
	预制薄板叠合楼板	了解预制薄板叠合楼板的构造和要求	5	
工作态度		态度端正，无无故缺席、迟到、早退现象	10	
工作质量		能按计划完成工作任务	5	
协调能力		与小组成员、同学之间能合作交流、协调工作	5	
职业素质		能做到保护环境、爱护公共设施	5	
创新意识		能通过本小组工作任务，判断学校建筑建筑楼板类型	5	
合计			100	
综合评价	自评（20%）	互评（30%）	教师评价（50%）	综合得分

任务相关知识点

　　钢筋混凝土楼板按施工方法可分为现浇式、装配式和装配整体式三种。现浇钢筋混凝土楼板整体性好、刚度大、更有利于抗震，梁板布置灵活、能适应各种不规则形状和预留孔洞等特殊要求的建筑，但支护模板等材料的消耗用量较大，养护时间长，施工速度慢。装配式钢筋混凝土楼板能节省模板，并能改善构件制作时工人的劳动条件，有利于提高劳动生产率和加快施工进度，但楼板的整体性较差，建筑的刚度也不如现浇式的好。一些建筑为节省模板，加快施工进度和增强楼板的整体性，常做成装配整体式楼板。

4.2.1　钢筋混凝土楼板

　　现浇钢筋混凝土楼板，是指在施工现场架设模板、绑扎钢筋和浇筑混凝土，经养护达到一定强度后拆除模板而成的楼板。现浇钢筋混凝土楼板整体性好，特别适用于有抗震设防要求的多层房屋和对整体性要求较高的其他建筑。有管道穿过的房间、平面形状不规整的房间、尺度不符合模数要求的房间和防水要求较高的房间，都适合采用现浇钢筋混凝土楼板。现浇钢筋混凝土楼板根据受力和传力情况，有板式楼板、梁板式楼板、无梁楼板和压型钢板组合楼板之分。

1. 板式楼板

楼板内不设置梁，将板直接搁置在墙上的楼板称为板式楼板。板有单向板与双向板之分。板式楼板底面平整美观，施工方便，适用于小跨度房间，如走廊、厕所和厨房等。

（1）单向板

一块现浇楼板在荷载的作用下，要把荷载传递给梁或墙，其传递路径是沿最短路径传递。《混凝土结构设计标准（2024 年版）》GB/T 50010—2010 规定，当板的长边与短边之比大于 2 时，按沿短边方向受力的单向板计算，称为单向受力板，简称单向板。板内受力钢筋沿短边方向布置，并应沿长边方向布置构造钢筋。如图 4-2-1 所示。

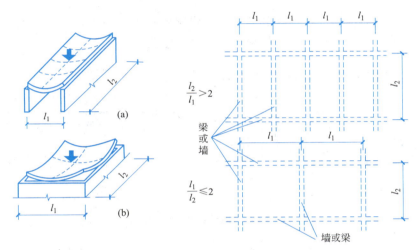

图 4-2-1　板式楼板的类型

（a）单向板；（b）双向板

（2）双向板

《混凝土结构设计标准（2024 年版）》GB/T 50010—2010 规定，长边与短边之比不大于 2 时，荷载沿双向传递，称为双向受力板，简称双向板，如图 4-2-1 所示。双向受力板应按双向板计算和配筋，在双向受力板中，短方向的荷载效应更大。

2. 梁板式楼板

当房间的跨度较大时，楼板承受的弯矩也较大，如仍采用板式楼板，必然增加板的厚度和板内所配置的钢筋。在这种情况下，可以在楼板内设梁，这种梁和楼板结合的楼板就称为梁板式楼板，如图 4-2-2 所示。

梁板式楼板从形式上分为肋形楼板和井格楼板，梁有主梁、次梁之分，次梁与主梁一般垂直相交，板搁置在次梁上，次梁搁置在主梁上，主梁搁置在墙或柱上，这种形式就称为肋形楼板。

当房间尺寸较大，并接近正方形时，常沿两个方向布置等距离、等截面高度的梁（不分主次梁），板为双向板，形成井格形的梁板结构，即井格楼板。纵梁和横梁同时承担着由板传递下来的荷载。因此，井格楼板是梁板式楼板的一种特殊形式。

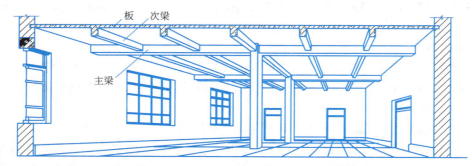

图 4-2-2　梁板式楼板

3. 无梁楼板

无梁楼板是将板直接支承在柱和墙上，不设梁的楼板，如图 4-2-3 所示。为了增大柱的支承面积和减少板的跨度，要在柱顶加设柱帽和托板。

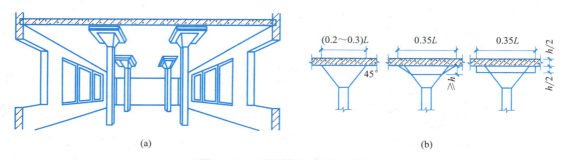

(a)　　　　　　　　　　　　　　　　　　(b)

图 4-2-3　无梁楼板和柱帽、托板

（a）无梁楼板；（b）柱帽和托板

无梁楼板楼层净空较大，顶棚平整，采光通风和卫生条件好，适宜于活荷载较大的商店、仓库和博物馆等建筑。

4. 压型钢板组合楼板

压型钢板组合楼板是采用截面为凹凸相间的压型钢板做衬板，与现浇混凝土面层浇筑在一起并支承在钢梁上的板。它是由钢梁、压型钢板和现浇混凝土三部分组成，如图 4-2-4 所示。

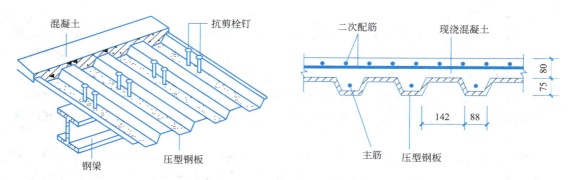

图 4-2-4　压型钢板组合楼板

压型钢板对混凝土起到永久模板的作用，同时能够增加构件的刚度及整体性。

4.2.2　预制装配式钢筋混凝土楼板

预制装配式钢筋混凝土楼板是指楼板的板和梁等构件在预制件加工厂或施工现场外预制，然后运到工地现场，利用人工机械安装的钢筋混凝土楼板。预制装配式钢筋混凝土楼板减少了施工现场的湿作业，改善了劳动条件，加快了施工速度，缩短了工期，提高了建筑工业化水平。

1. 板的类型

常用的预制钢筋混凝土楼板，根据其截面形式可分为实心平板、槽形板和空心板三类。

（1）实心平板（图 4-2-5）。实心板规格较小，跨度一般在 1.5m 左右，板厚一般为 60mm。预制实心平板由于其跨度小，常用作小房间、卫生间、厨房和过道的楼板。

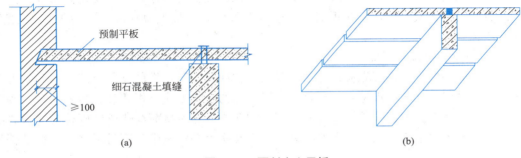

图 4-2-5　预制实心平板

（a）剖面图；（b）断面图

（2）槽形板（图 4-2-6）。槽形板是一种梁板结合的构件，即在实心板两侧设纵肋，构成槽形截面。槽形板可以看成一个梁板合一的构件，板肋即相当于小梁。根据板的槽口向下和向上，分别称为正槽形板和反槽形板。

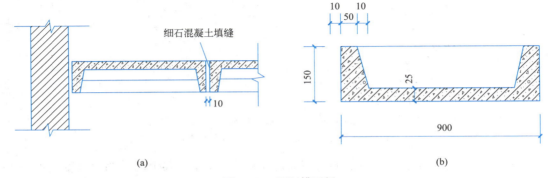

图 4-2-6　预制槽形板

（a）槽形板剖面图；（b）倒置槽形板剖面图

（3）空心板（图 4-2-7）。钢筋混凝土受弯构件受力时，其截面上部由混凝土承受压力，截面下部由钢筋承担拉力，中性轴附近内力较小。去掉中性轴附近的混凝土，形成工字形截面，并不影响钢筋混凝土构件的正常工作。空心板就是按照上述原理，在板中形成孔洞，以节省材料和减轻重量。

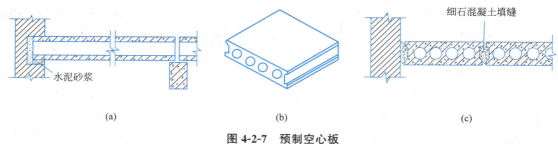

图 4-2-7　预制空心板

（a）纵剖面图；（b）横剖面图；（c）断面图

空心板孔洞形状有圆形、长圆形和矩形等，以圆孔板的制作最为方便，应用最广。

注意：空心板安装前，应在板端的圆孔内填塞 C15 混凝土短圆柱（即堵头），以避免板端被压坏。

2. 预制板的布置和细部

（1）板的布置方式。首先应根据房间开间、进深尺寸确定板的支承方式，然后依据现有板的规格（或设计某种板型）进行合理布置。板的布置方式有板式和梁板式两种。预制板直接搁置在墙上称为板式结构布置；楼板先搁在梁上然后将荷载传给墙则称为梁板式结构布置。前者常用于横墙间距较密的宿舍、住宅及病房等建筑中，而后者多用于教学楼等开间、进深尺寸都较大的建筑中。

（2）板的搁置要求。当采用梁板式结构时，板在梁上的搁置方式一般有两种（图 4-2-8）：一种是板直接搁置在梁顶上；另一种是板搁置在花篮梁或十字梁上。

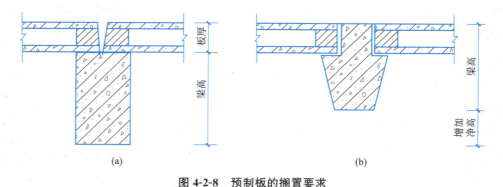

图 4-2-8　预制板的搁置要求

（a）板搁置在矩形梁上；（b）板搁置在花篮梁上

为了满足安全要求，板应有足够的搁置长度要求：支承于梁上时其搁置长度应不小于 80mm；支承于内墙上时其搁置长度应不小于 100mm；支承于外墙上时其搁置长度应不小于 120mm。

铺板前，先在墙或梁上用 10～20mm 厚 M5 水泥砂浆找平（即坐浆），然后再铺板。坐浆的目的是使板与墙或染有较好的连接，同时也使墙体受力均匀。

4.2.3 装配整体式钢筋混凝土楼板

装配整体式钢筋混凝土楼板是将楼板中的部分构件预制，然后到现场安装，再以整体浇筑其余部分的办法连接而成的楼板。它兼有现浇与预制的双重优越性。

1. 密肋填充块楼板

密肋填充块楼板的密肋有现浇和预制两种。现浇密肋填充块楼板是在填充块之间现浇密肋小梁和面板，其填充块有空心砖、轻质块、玻璃钢模壳等，如图 4-2-9 所示。

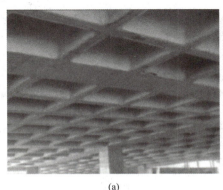

(a)   (b)

图 4-2-9 现浇密肋填充块楼板

（a）现浇密肋填充块楼板；（b）密肋填充块

预制密肋填充块楼板常见的有预制倒 T 形小梁、带骨架芯板等。这种楼板充分利用不同材料的性能，能适应不同跨度和不规整的楼板，并有利于节约模板。

2. 预制薄板叠合楼板

现浇钢筋混凝土楼板要耗费大量模板，造价相对较高，装配式楼板存在整体性较差的问题，而采用预制薄板与现浇混凝土面层叠合而成的装配整体式楼板，或称预制薄板叠合楼板，则避免了现浇钢筋混凝土楼板和装配式楼板的不足。它具有整体性好、节约楼板、施工进度快的优势，被较多应用。它可分为普通钢筋混凝土薄板和预应力混凝土薄板两种。

预制混凝土薄板既是永久性模板，承受施工荷载，又是整个楼板结构的组成部分。预应力混凝土薄板内配带刻痕的高强度钢丝作为预应力筋，同时作为楼板的跨中受力钢筋。板面现浇混凝土叠合层，所有楼板层中的管线均事先理在叠合层内。现浇层内只需配置少量的支座负弯矩钢筋。预制薄板底面平整，作为顶棚可直接喷浆或粘贴装饰壁纸。预制薄板叠合楼板应用较广，适合在住宅、宾馆、学校、办公楼、医院以及仓库等建筑中应用。

预制薄板叠合楼板的跨度一般为 4～6m，5.4m 以内较为经济，最大跨度可达 9m。预应力薄板厚 50～70mm，板宽 1.1～1.8m。为了保证预制薄板与叠合层有较好的连接，薄板上表面需做特殊处理，常见的有两种：一种是在薄板的上表面做刻凹槽处理，如图 4-2-10（a）所示，凹槽直径 50mm，深 20mm，间距 150mm；另一种是在薄板上表面露出较规则的三角形结合钢筋，如图 4-2-10（b）所示。

现浇叠合层采用 C20 混凝土，厚度一般为 70～120mm，叠合楼板的总厚度取决于板的跨度，一般厚度为 150～250mm。楼板总厚度以大于或等于薄板厚度的两倍为宜，如图 4-2-10（c）、（d）所示。

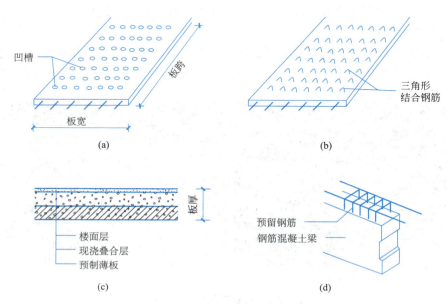

图 4-2-10　预制薄板叠合楼板

（a）板面刻槽；（b）板面露出三角形结合钢筋；（c）叠合组合楼板示意图；
（d）预制钢筋混凝土梁预留钢筋与叠合层连通

任务 4.3　楼地面构造

 任务概述

本节内容包括：楼地面的设计要求与类型、楼地面的构造、地坪层的防潮与保温。

 学习目标

1. 掌握楼地面的设计要求与类型；
2. 掌握楼地面的构造；
3. 掌握地坪层的防潮与保温。

任务分组

班级		组号		指导教师	
组长		学号			
组员	姓名	学号	姓名	学号	姓名	学号
任务分工					

工作实施

1. 楼地面的设计要求与类型

引导问题 1：楼地面除应具有足够的坚固性、不易被磨损、破坏的特性外，还应满足_____、_____、不起尘、_____、_____、_____、易于清洁等要求。

楼地面的设计要求与类型　楼地面的构造　地坪层的防潮与保温

引导问题 2：楼地面的类型很多，一般按面层所用材料和施工方式不同来划分，常见地面可分为以下五类：_____、_____、_____、_____和_____。

2. 楼地面的构造

引导问题 3：水泥砂浆楼地面是使用普遍的一种低档地面，构造简单、坚固耐磨。做法是先将基层用清水清洗干净，然后在基层上用_____mm 厚_____水泥砂浆打底找平；再用_____mm 厚 1：2 或 1：2.5 水泥砂浆抹面、压光。

引导问题 4：细石混凝土滚压楼地面做法是在基层上浇_____mm 厚的强度等级不低于_____细石混凝土，待混凝土初凝后用铁滚滚压出浆，待终凝前撒少量干水泥，用铁抹子不少于两次压光。

引导问题 5：卷材可_____铺、_____铺，可_____铺、_____等。

引导问题 6：木龙骨与墙间留_____mm 的缝隙，表面平直，木龙骨间加钉剪刀撑或横撑，且解决通风问题（在墙体适当位置设通风口）。

3. 地坪层的防潮与保温

引导问题 7：由于地坪层与土壤直接接触，土壤中的水分通过_____作用上升，造成地面受潮而严重影响房间的卫生状况。地下水位越_____，受潮越严重。

引导问题 8：在垫层与面层之间铺设一道防潮层即为_____地面，如铺防水卷材、防水砂浆、热沥青等，也可以在垫层下铺设一层粒径均匀的_____、_____等，阻止毛细水上升。

引导问题 9：当地下水位低时，土壤比较干燥，可在垫层_____铺设一层保温层（如 15mm 厚 1：3 水泥炉渣层或采用聚苯板），解决地面上下温差大的矛盾；当地下水位较高时，可在垫层与面层之间铺设防水层，在防水层_____铺设保温层，在保温层上铺30mm 厚细石混凝土，最后做面层。

引导问题 10：当地坪层的结构层采用预制板时，可以将其_____，不与土壤接触，以解决地面潮湿问题。

 评价反馈

1. 学生进行自我评价，并将结果填入表 4-3-1。

学生自评表　　　　表 4-3-1

班级：　　姓名：　　学号：				
任务 4.3		楼地面构造		
评价项目		评价标准	分值	得分
楼地面的设计要求与类型	楼地面的设计要求与类型	掌握楼地面的设计要求与类型	20	
楼地面的构造	整体类楼地板构造	掌握水泥砂浆抹灰地面、细石混凝土地面、水磨石地面构造	10	
	块材类楼地板构造	熟悉人造、天然石材等常见块材类楼地板构造	10	
	卷材类楼地板构造	了解塑料地毯（俗称地板革）、橡胶地毡等常见卷材类楼地板构造	10	
地坪层的防潮与保温	地坪层的防潮构造及措施	掌握地坪层的防潮构造及措施	10	
	地坪层的保温构造及措施	掌握地坪层的保温构造及措施	10	
工作态度		态度端正，无无故缺席、迟到、早退现象	10	
工作质量		能按计划完成工作任务	5	
协调能力		与小组成员、同学之间能合作交流、协调工作	5	
职业素质		能做到保护环境、爱护公共设施	5	
创新意识		能通过本小组工作任务，叙述学校建筑楼地面的构造	5	
合计			100	

2. 学生以小组为单位，对以上任务进行互评，将结果填入表 4-3-2。

学生互评表　　　　　　　　　　　　　　　　　表 4-3-2

班级：　　　　　小组：					
任务 4.3		楼地面构造			
评价项目	分值	评价对象得分			
掌握楼地面的设计要求与类型	20				
掌握整体类楼地板构造	10				
熟悉块材类楼地板构造	10				
了解卷材类楼地板构造	10				
掌握地坪层的防潮构造及措施	10				
掌握地坪层的保温构造及措施	10				
工作态度	10				
工作质量	5				
协调能力	5				
职业素质	5				
创新意识	5				
合计	100				

3. 教师对学生工作过程与结果进行评价，将评价结果填入表 4-3-3。

教师综合评价表　　　　　　　　　　　　　　　表 4-3-3

班级：　　　　姓名：　　　　学号：				
任务 4.3		楼地面构造		
评价项目		评价标准	分值	得分
楼地面的设计要求与类型	楼地面的设计要求与类型	掌握楼地面的设计要求与类型	20	
楼地面的构造	整体类楼地板构造	掌握水泥砂浆抹灰地面、细石混凝土地面、水磨石地面构造	10	
	块材类楼地板构造	熟悉人造、天然石材等常见块材类楼地板构造	10	
	卷材类楼地板构造	了解塑料地毯（俗称地板革）、橡胶地毡等常见卷材类楼地板构造	10	
地坪层的防潮与保温	地坪层的防潮构造及措施	掌握地坪层的防潮构造及措施	10	
	地坪层的保温构造及措施	掌握地坪层的保温构造及措施	10	
工作态度		态度端正，无无故缺席、迟到、早退现象	10	

续表

工作质量	能按计划完成工作任务	5	
协调能力	与小组成员、同学之间能合作交流、协调工作	5	
职业素质	能做到保护环境、爱护公共设施	5	
创新意识	能通过本小组工作任务,叙述学校建筑楼地面的构造	5	
合计		100	
综合评价	自评(20%)	互评(30%)	教师评价(50%)	综合得分

 任务相关知识点

楼板层与地坪层的面层在构造和设计要求上基本相同,均属室内装饰装修的范畴,可以统称为地面或楼地面。

4.3.1 楼地面的设计要求与类型

1. 楼地面的设计要求

楼地面是与人、设备和家具直接接触的部分,也是建筑中直接承受荷载,经常受到摩擦、清扫和冲洗的部分。楼地面除应具有足够的坚固性,不易被磨损、破坏的特性外,还应满足平整、耐磨、不起尘、防滑、防污染、隔声、易于清洁等要求。

楼地面是建筑于地基之上的地面,应根据需要采取防潮、防路基土冻胀、防不均匀沉降等措施。总之,在设计和建造地面时应根据房间的使用功能及要求,有针对性地选用材料,并配合适宜的构造措施。

2. 楼地面的类型

楼地面的类型很多,一般按面层所用材料和施工方式不同来划分,常见地面可分为以下几类:

1)整体类地面:包括水泥砂浆楼地面、细石混凝土楼地面、水磨石楼地面等。

2)块材类地面:包括石材地面、砖铺地面、面砖地面、缸砖地面、陶瓷锦砖地面及水泥花砖地面等。

3)木制、竹制楼地面:包括纯木地板地面、复合木地板地面、软木地板地面等类型。

4)卷材类地面:包括聚氧乙烯塑料(PVC)地面、聚乙烯(PE)塑料地面等。

5)涂料类地面:包括环氧树脂等各种高分子合成涂料所形成的地面。

4.3.2 楼地面的构造

1. 整体类楼地面

(1)水泥砂浆楼地面

水泥砂浆楼地面是使用普遍的一种低档地面,构造简单、坚固耐磨,一般用于标准较低的建筑物中。

单层做法是直接抹 15～20mm 的 1：2 水泥砂浆；双层做法是先用 15～20mm 的 1：3 水泥砂浆打底，再用 5～10mm 的 1：2 水泥砂浆抹面。双层做法抹面质量高，不易开裂。

（2）细石混凝土楼地面

细石混凝土楼地面做法是在基层上浇 30～40mm 厚强度等级不低于 C20 细石混凝土，待混凝土初凝后用铁滚滚压出浆，待终凝前撒少量干水泥，用铁抹子不少于两次压光，其效果同水泥砂浆地面，目前采用较多。

（3）现浇水磨石楼地面

现浇水磨石楼地面表面光洁美观，不易起灰。其做法是在基层上做 15mm 厚 1：3 水泥砂浆结合层（兼作找平层），用 1：1 水泥砂浆嵌固 10～15mm 高的玻璃条或铜条将地面分成方格或其他图案。

用按设计配置好的 1：1.25～1：1.5 各种颜色（经调制样品选择最后的配合比）的水泥石渣浆注入预设的分格内，水泥石渣浆厚度为 12～15mm（高于分格条 1～2mm），并均匀撒一层石渣，用滚筒压实，直至水泥浆被压出为止。待浇水养护完毕后，经过三次打磨，在最后一次打磨前酸洗、修补、抛光，最后打蜡保护。

2. 块材类楼地面

块材类楼地面通常是指用人造或天然的预制块材、板材镶铺在基层上的楼地面。

（1）地面砖、缸砖、陶瓷锦砖楼地面

此类楼地面表面质密光洁、耐磨防水耐酸碱，一般用于有防水要求的房间。其做法是在基层上用 15～20mm 厚 1：3 水泥砂浆打底、找平；再用 5mm 厚的 1：1 水泥砂浆（掺适量 108 胶）粘贴地面砖、缸砖、陶瓷锦砖，用橡胶锤锤击，以保证黏结牢固，避免空鼓；最后用素水泥擦缝。对于陶瓷锦砖地面还应用清水洗去牛皮纸，用白水泥浆擦缝。

（2）花岗石、大理石、预制水磨石楼地面

此类块材自重较大。其做法是在基层上洒水润湿，刷一层水泥浆，随即铺 20～30mm 厚 1：3 干硬性水泥砂浆的结合层，用 5～10mm 厚的 1：1 水泥砂浆铺贴在面层石板的背面，将石板均匀铺在结合层上，随即用橡胶锤锤击块材，以保证黏结牢固，最后用水泥浆灌缝（板缝应不大于 1mm），待能上人后擦净。

（3）木制、竹制楼地面

木制、竹制楼地面是无防水要求房间采用较多的一类地面，具有易清洁、弹性好、热导率小、保温性能好、易与房间其他部位装饰风格融为一体等优点，是目前广泛采用的一种楼地面做法。

1）空铺木、竹制楼地面用于室内地面。做法是先砌设计高度、设计间距的垄墙，在垄墙上铺设一定间隔的木龙骨，将地板条钉在龙骨上。木龙骨与墙间留 30mm 的缝隙，表面平直，木龙骨间加钉剪刀撑或横撑，且解决通风问题（在墙体适当位置设通风口）。

2）实铺木、竹制楼地面构造做法分为龙骨式和粘贴式两种。底层地面应设防潮层。

3. 卷材类楼地面

卷材类楼地面指将卷材，如塑料地毡（俗称地板革）、橡胶地毡、化纤地毯、纯羊毛地毯、麻纤维地毯等，直接铺在平整的基层上的地面。卷材可满铺、局部铺，可干铺、粘贴等。塑料地毡是一种软质卷材，其宽度一般为 20mm 左右，厚度 1～2mm，粘贴时用聚氯酯等胶粘剂。

塑料地毡具有较好的弹性、耐磨、防水防潮、耐腐蚀、绝缘、隔声、阻燃、美观、易清洁等特点，不足的地方在于不耐高温、易老化、怕明火等。

4. 涂料类楼地面

涂料地面常用的涂料有过氯乙烯溶液涂料、苯乙烯焦油涂料、氯乙烯醇缩丁醛涂料等，具有耐磨、耐腐蚀、耐水防潮、易清洁、施工方便、造价低等特点。不足的地方在于施工时会散发有害气体污染环境、由于涂层较薄而磨损快等。

总之，选择楼地面类型时，一定要结合建筑的使用功能要求及各类地面面层材料特性（表 4-3-4），选择适宜的地面构造。

常用楼地面面层特性 表 4-3-4

地面名称	面层特性										备注
	耐热度	耐火性	起尘性	耐磨性	消声度	光滑度	耐水性	透水性	耐油性	防火性	
水泥砂浆地面	×	√	—	—	×	×	√	—	√	√	
水磨石地面	×	√	×	√	×	—	√	×	√	√	
混凝土地面	×	√	×	×	×	×	√	×	√	√	
预制混凝土板地面	×	√	√	×	×	×	√	√	√	√	
缸砖、陶瓷锦砖地面	×	√	√	×	×	—	√	×	√	√	
大理石、花岗石地面	×	√	×	√	×	×	√	×	√	√	
木地板地面	√	×	×	√	×	×	√	×	√	—	
塑料地面	—	√	×	×	×	×	√	×	√	√	
素土夯实地面	×	√	√	×	×	×	×	√	√	×	
3：7 灰土地面	×	√	√	×	—	×	×	×	√	×	
普通黏土砖地面	×	√	√	×	×	×	√	√	√	×	
水泥铁屑地面	×	√	—	√	×	×	√	×	√	√	
水泥花砖地面	×	√	×	√	×	×	√	×	√	√	
块石、条石地面	×	√	×	√	×	×	√	×	√	√	
沥青砂浆地面	×	—	×	√	×	×	√	×	—	×	
橡皮板地面	—	×	×	√	×	×	√	×	×	×	
菱苦土地面	√	√	×	√	×	—	×	√	√	×	
金属板地面	×	√	×	√	×	×	√	×	√	√	

此外，有时为了改善水泥砂浆地面、混凝土地面局部开裂起尘、不美观等不足时，可以在其上涂刷各色涂料，但目前采用较少。

4.3.3　地坪层的防潮与保温

由于地坪层与土壤直接接触，土壤中的水分通过毛细作用上升，造成地面受潮而严重影响房间的卫生状况。地下水位越高，受潮越严重。南方地区每当春夏之交，气温升高，雨水增多，空气相对湿度大；当水泥地面、水磨石地面等表面温度低于空气温度时，会出现返潮现象。我国北方地区，冬季为了保持室内温度，房间较封闭，通风不畅，底层房间湿度较高。所以，为保证室内环境满足使用要求和建筑节能要求，应采取不同的防潮和保温措施。

1. 地坪层的防潮

在垫层与面层之间铺设一道防潮层即为防潮地面，如铺防水卷材、防水砂浆、热沥青等，也可以在垫层下铺设一层粒径均匀的卵石、碎石等，阻止毛细水上升，如图 4-3-1 （a）所示。

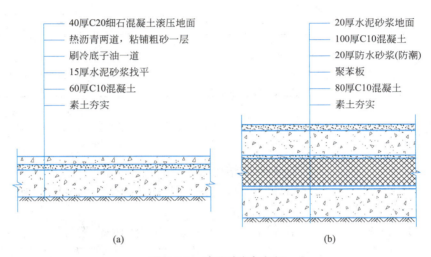

40厚C20细石混凝土滚压地面	20厚水泥砂浆地面
热沥青两道，粘铺粗砂一层	100厚C10混凝土
刷冷底子油一道	20厚防水砂浆(防潮)
15厚水泥砂浆找平	聚苯板
60厚C10混凝土	80厚C10混凝土
素土夯实	素土夯实

(a)　　　　　　　　　　(b)

图 4-3-1　地面防潮与保温

2. 地坪层的保温

当地下水位低时，土壤比较干燥，可在垫层下铺设一层保温层（如 15mm 厚 1：3 水泥炉渣层或采用聚苯板），解决地面上下温差大的矛盾；当地下水位较高时，可在垫层与面层之间铺设防水层，在防水层上铺设保温层，在保温层上铺 30mm 厚细石混凝土，最后做面层，如图 4-3-1 （b）所示。

此外，当地坪层的结构层采用预制板时，可以将其架空，不与土壤接触，以解决地面潮湿问题。

任务 4.4　阳台和雨篷

 **任务概述**

本节内容包括：阳台和雨篷的结构布置与构造。

学习目标

1. 掌握阳台的结构布置与构造；
2. 掌握雨篷的结构布置与构造。

 任务分组

班级		组号		指导教师	
组长		学号			
组员	姓名	学号	姓名	学号	姓名	学号
任务分工						

 工作实施

阳台的结构布置与构造

雨篷构造

1. 阳台的结构布置与构造

引导问题1：阳台按与外墙的位置关系可分为_____阳台、_____阳台和_____阳台。

引导问题2：当挑板式阳台的阳台板与圈梁现浇在一起时，圈梁受_____，要求上部有较大的压重，故阳台板悬挑不宜过大，一般在_____m以内为好。

引导问题3：阳台荷载通过挑梁传给纵横墙，由压在挑梁上的墙体和楼板来抵抗阳台的_____力矩。

引导问题4：挑梁压在墙中的长度应不小于_____倍的挑出长度。

引导问题5：栏杆的高度应高于人体的重心，一般不宜小于_____m；高层建筑的阳台栏杆还应加高，不应低于_____m。

2. 雨篷的结构布置与构造

引导问题6：较小的雨篷常与凸阳台一样做成悬挑构件，悬挑长度一般为_____m。

引导问题7：雨篷在构造上需解决两个问题：一是要防止雨篷_____，也就是保证雨篷梁上有足够的压重；二是雨篷的板面上要做好_____和_____。

引导问题8：雨篷上表面除用防水砂浆向排水口做出_____%的坡度，以便排除雨篷上部的雨水外，还应用防水砂浆在相邻墙面做不小于_____mm高的泛水。

引导问题9：雨篷板的厚度一般为_____mm，在板底周边设计滴水。

 评价反馈

1. 学生进行自我评价，并将结果填入表4-4-1。

学生自评表   表 4-4-1

班级：	姓名：	学号：		
任务 4.4		阳台和雨篷		
评价项目		评价标准	分值	得分
阳台	阳台布置	掌握阳台结构布置	20	
	阳台构造	熟悉阳台细部构造	20	
雨篷	雨篷构造	掌握雨篷的排水构造及细节措施	30	
工作态度		态度端正，无无故缺席、迟到、早退现象	10	
工作质量		能按计划完成工作任务	5	
协调能力		与小组成员、同学之间能合作交流、协调工作	5	
职业素质		能做到保护环境、爱护公共设施	5	
创新意识		能通过本小组工作任务，叙述学校建筑阳台和雨篷的构造	5	
合计			100	

2. 学生以小组为单位，对以上任务进行互评，将结果填入表 4-4-2。

学生互评表   表 4-4-2

班级：	小组：				
任务 4.4		阳台和雨篷			
评价项目	分值	评价对象得分			
掌握阳台结构布置	20				
熟悉阳台细部构造	20				
掌握雨篷的排水构造及细节措施	30				
工作态度	10				
工作质量	5				
协调能力	5				
职业素质	5				
创新意识	5				
合计	100				

3. 教师对学生工作过程与结果进行评价，将评价结果填入表 4-4-3。

教师综合评价表 表 4-4-3

班级：	姓名：		学号：		
任务 4.4		阳台和雨篷			
评价项目		评价标准		分值	得分
阳台	阳台布置	掌握阳台结构布置		20	
	阳台构造	熟悉阳台细部构造		20	
雨篷	雨篷构造	掌握雨篷的排水构造及细节措施		30	
工作态度		态度端正，无无故缺席、迟到、早退现象		10	
工作质量		能按计划完成工作任务		5	
协调能力		与小组成员、同学之间能合作交流、协调工作		5	
职业素质		能做到保护环境、爱护公共设施		5	
创新意识		能通过本小组工作任务，叙述学校建筑阳台和雨篷的构造		5	
合计				100	
综合评价	自评(20%)	互评(30%)	教师评价(50%)	综合得分	

 任务相关知识点

4.4.1 阳台

阳台是建筑中不可缺少的室内外空间的过渡空间，也称为灰空间。人们可利用阳台聊天、休闲、眺望或从事晒衣等家务活动。阳台按与外墙的位置关系可分为凸阳台、凹阳台和半凸半凹阳台。

1. 阳台的结构布置

阳台按结构布置形式分为墙承式和悬挑式。墙承式是将阳台板直接搁置在墙上，其板形和跨度与房间楼板一致，多用于凹阳台，如搁板式。悬挑式分为挑板式和挑梁式。

（1）搁板式。在凹阳台中，将阳台板搁置于阳台两侧凸出来的墙上，即形成搁板式阳台。阳台板型和尺寸与楼板一致，施工方便。在寒冷地区采用搁板式阳台，可以避免热桥。

（2）挑板式。挑板式阳台的一种做法是利用楼板从室内向外延伸，即形成挑板式阳台。这是纵墙承重住宅阳台的常用做法，阳台的长宽可不受房屋开间的限制而按需要调整。当挑板式阳台的阳台板与圈梁现浇在一起时，圈梁受扭，要求上部有较大的压重，故阳台板悬挑不宜过大，一般在 1.2m 以内为好。

（3）挑梁式。当楼板为预制楼板，结构布置为横墙承重时，可选择挑梁式。即从横墙内向外伸挑梁，其上搁置预制板。阳台荷载通过挑梁传给纵横墙，由压在挑梁上的墙体和楼板来抵抗阳台的倾覆力矩。挑梁压在墙中的长度应不小于1.5倍的挑出长度。

阳台的平面形式

2. 阳台细部构造

（1）阳台的栏杆。阳台栏杆是在阳台外面设置的垂直构件，它有两个作用：一是承受人们推靠栏杆的水平推力，以保障人身安全；二是作为建筑构件对建筑物具有一定的装饰作用。因而栏杆的构造要求是坚固和美观。栏杆的高度应高于人体的重心，一般不宜小于1.05m；高层建筑的阳台栏杆还应加高，不应低于1.1m。

栏杆形式有三种，即镂空栏杆、实心栏板以及由镂空栏杆和实心栏板组合而成的组合式栏杆。按材料不同，有金属栏杆、钢筋混凝土栏杆（板）等。金属栏杆采用不锈钢、方钢、钢筋、扁钢等。金属栏杆与阳台板面梁上的预埋钢板焊接。

金属栏杆需要做防锈处理。预制钢筋混凝土栏杆（板）应采用钢模制作，便于构件表面光滑整洁，安装后可不做抹面，根据设计直接涂刷油漆或涂料。现浇混凝土栏板经支模、绑扎钢筋后，与阳台板、圈梁或挑梁一道现浇。混凝土栏板的两面需要做装饰处理，可用抹灰、涂料或粘贴面砖等处理，北方严寒地区也可以做防寒保温处理。

阳台底部一般在做纸筋灰或水泥砂浆抹灰基层处理后，涂刷白石灰或白色涂料。

（2）阳台扶手。阳台扶手通常分为金属和钢筋混凝土两种。金属扶手一般为直径50mm的钢管或不锈钢管与金属栏杆焊接；钢筋混凝土扶手应用广泛，一般直接用作栏杆压顶。当扶手上需放置花盆时，需在外侧设保护栏，保护栏杆一般高180～200mm，花台净宽240mm。

（3）阳台的排水。因为阳台是外露建筑构件，为阻止阳台上的雨水流入室内，阳台的设计地面应比室内地面低20～50mm，阳台地面应采用防水砂浆向低端做出1%的坡度，并在坡度低端设置排水孔，孔内埋设直径50mm镀锌钢管或塑料管并通入雨水管，以便迅速将雨水排除。阳台排水有外排水和内排水两种。

阳台外排水是在阳台外侧设置泄水管将水排出。泄水管为直径50mm镀锌铁管或塑料管，外挑长度不少于80mm，以防雨水溅到下层阳台，如图4-4-1（a）所示。

阳台内排水一般适用于高层住宅和高标准建筑，即在阳台内侧设置排水立管和地漏，将雨水直接排入地下管网，保证建筑物立面美观，如图4-4-1（b）所示。

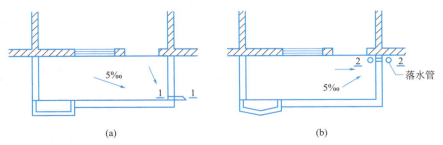

（a）　　　　　　　　　　　　（b）

图4-4-1　阳台的排水

（a）阳台外排水；（b）阳台内排水

4.4.2　雨篷

雨篷是建筑入口处和顶层阳台上部用以遮挡雨水、保护外门免受雨淋的悬挑水平构件，一般为钢筋混凝土悬挑板或钢筋混凝土悬挑梁板。较大的雨篷常由梁、板、柱组成，其构造与楼板相同。较小的雨篷常与凸阳台一样做成悬挑构件，悬挑长度一般为 1～1.5m。较大的雨篷也可以采用立柱支承雨篷形成门廊。

雨篷的排水构造

雨篷在构造上需解决两个问题：一是要防止雨篷倾覆，也就是保证雨篷梁上有足够的压重；二是雨篷的板面上要做好排水和防水。为了满足立面处理的需要，往往将雨篷外沿用砖砌出一定高度或用混凝土浇筑出一定高度，一般为 200～300mm。雨篷的排水口可以设在前面，也可以设在两侧。雨篷上表面除用防水砂浆向排水口做出 1% 的坡度，以便排除雨篷上部的雨水外，还应用防水砂浆在相邻墙面做不小于 250mm 高的泛水。雨篷板的厚度一般为 60～80mm，在板底周边设计滴水。

模块**5**

楼梯

任务 5.1 楼梯的组成及分类

 任务概述

本节内容包括：楼梯的组成及分类。

 学习目标

1. 掌握楼梯的组成；
2. 掌握楼梯的类型。

 任务分组

班级		组号		指导教师	
组长		学号			
组员	姓名	学号	姓名	学号	姓名	学号
任务分工						

 工作实施

楼梯的组成　楼梯的分类

1. 楼梯的组成

引导问题1：_____是建筑中联系各楼层空间、实现_____交通作用的重要构件。

引导问题2：楼梯由_____、_____、_____扶手三部分组成。

引导问题3：梯段由_____组成，起到联系两个不同标高平台的作用。

引导问题4：平台按其所处位置分为_____平台和_____平台。

引导问题5：_____是设在梯段及平台边缘的安全保护构件。

引导问题6：_____梯段之间形成的空档。

引导问题 7：请将图中序号的名称填入对应表格中。

1	
2	
3	
4	
5	
6	

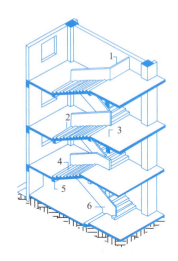

2. 楼梯的分类

引导问题 8：楼梯的形式和类型非常多，主要受楼梯的＿＿＿＿＿＿、＿＿＿＿＿＿、楼梯间的＿＿＿＿＿＿和＿＿＿＿＿＿、层高与层数、人流的股数等因素影响。

引导问题 9：请按照平面形式，将以下图片中楼梯的类型填入对应的括号内。

评价反馈

1. 学生进行自我评价，并将结果填入表 5-1-1。

学生自评表　　　　　　　　　　　　　　表 5-1-1

班级：　　　　姓名：　　　　学号：			
任务 5.1	楼梯的组成及分类		
评价项目	评价标准	分值	得分
楼梯的组成	掌握楼梯的组成及作用	20	
楼梯的分类	掌握楼梯的类型	40	
工作态度	态度端正，无无故缺席、迟到、早退现象	10	
工作质量	能按计划完成工作任务	10	
协调能力	与小组成员、同学之间能合作交流、协调工作	5	
职业素质	能做到保护环境、爱护公共设施	5	
创新意识	通过本小组工作任务，判别学校建筑群内存在的楼梯类型	10	
合计		100	

2. 学生以小组为单位，对以上任务进行互评，将结果填入表 5-1-2。

学生互评表　　　　　　　　　　　　　　表 5-1-2

班级：　　　　小组：					
任务 5.1	楼梯的组成及分类				
评价项目	分值	评价对象得分			
掌握楼梯的组成及作用	20				
掌握楼梯的类型	40				
工作态度	10				
工作质量	10				
协调能力	5				
职业素质	5				
创新意识	10				
合计	100				

3. 教师对学生工作过程与结果进行评价，将评价结果填入表 5-1-3。

教师综合评价表　　　　　　　　　　　　　表 5-1-3

班级：　　　　姓名：　　　　学号：					
任务 5.1	楼梯的组成及分类				
评价项目	评价标准			分值	得分
楼梯的组成	掌握楼梯的组成及作用			20	
楼梯的分类	掌握楼梯的类型			40	
工作态度	态度端正，无无故缺席、迟到、早退现象			10	
工作质量	能按计划完成工作任务			10	
协调能力	与小组成员、同学之间能合作交流、协调工作			5	
职业素质	能做到保护环境、爱护公共设施			5	
创新意识	能通过本小组工作任务，判别学校建筑群内存在的楼梯类型			10	
合计				100	
综合评价	自评(20%)	互评(30%)	教师评价(50%)	综合得分	

 任务相关知识点

5.1.1　楼梯的组成

楼梯是建筑中联系各楼层空间、实现垂直交通作用的重要构件。

楼梯由梯段、平台、栏杆扶手三部分组成。

1. 梯段

梯段又称为梯跑，由踏步组成，是供层间上下行走的倾斜构件，起到联系两个不同标高平台的作用。

楼梯的组成部分

2. 平台

平台按其所处位置分为中间平台和楼层平台。

3. 栏杆扶手

栏杆扶手是设在梯段及平台边缘的安全保护构件，有一定的装饰作用。

注：楼梯井：梯段之间形成的空档。

5.1.2　楼梯的分类

楼梯的形式和类型非常多，主要受楼梯的材料、所处位置、楼梯间的平面形状和大小、层高与层数、人流的股数等因素影响。

按材料分类分为钢筋混凝土楼梯、钢楼梯、木楼梯、组合楼梯。按所处位置分为室内楼梯和室外楼梯。按施工方法分为现浇整体式楼梯和预制装配式楼梯，前者又分为板式楼

楼梯间的
平面形式

梯和梁式楼梯两种。

按楼梯的使用性质分为交通楼梯、辅助楼梯和疏散楼梯；疏散楼梯根据防烟、防火的作用不同又分为开敞式楼梯间、封闭式楼梯间和防烟楼梯间。

按楼梯平面形式分为：直跑楼梯、双跑平行楼梯、三跑楼梯、交叉（剪刀）楼梯、圆形楼梯、螺旋楼梯等（图 5-1-1）。

图 5-1-1　楼梯的平面形式

（a）直跑楼梯；（b）双跑平行楼梯；（c）三跑楼梯；（d）剪刀楼梯；（e）圆形楼梯；（f）螺旋楼梯

任务 5.2　楼梯的尺度要求

 任务概述

本节内容包括：楼梯踏步、梯段和平台、栏杆扶手、梯井、净空等的尺度要求。通过学习，应掌握一般平行双跑楼梯的计算方法，并能熟练地进行设计。

 学习目标

1. 了解楼梯的尺度要求；
2. 熟悉楼梯主要构件的尺度；
3. 掌握普通双跑楼梯的计算方法。

任务分组

班级		组号		指导教师	
组长		学号			
组员	姓名	学号	姓名	学号	姓名	学号

组员	姓名	学号	姓名	学号	姓名	学号
任务分工						

 工作实施

1. 踏步的尺度

引导问题 1：_____ 的尺度受建筑的使用性质和建筑的平面尺寸影响，也是楼梯设计中的重要问题之一。

引导问题 2：楼梯的尺度要求首先是应具有足够的通行能力，即保证楼梯有足够的 _____ 和合适的 _____。

引导问题 3：楼梯的坡度均由踏步的 _____ 确定，常用的坡度为 _____ 左右，室内楼梯的适宜坡度为 23°～38°。

2. 梯段尺度

引导问题 4：梯段尺度主要指 _____ 和 _____。

引导问题 5：楼梯段宽度是由通过该梯段的人流 _____ 和消防要求确定的。

引导问题 6：楼梯平台宽度应 _____ 楼梯段的宽度。

3. 梯井宽度

引导问题 7：为满足 _____ 要求，梯井宽度一般为 60～200mm。托儿所、幼儿园、中小学及少年儿童专用活动场所的楼梯，梯井净宽大于 0.20m 时，必须采取防止少年儿童 _____ 的措施。

4. 栏杆扶手尺度

引导问题 8：_____ 是指自踏步前缘线量起到扶手顶面的垂直距离。

引导问题 9：临空高度在 24m 以下时，栏杆高度不应低于 _____ m，临空高度在 24m 及 24m 以上（包括中高层住宅）时，栏杆高度不应低于 _____ m。

5. 楼梯净空高度

引导问题 10：楼梯各部位的 _____ 高度应满足人流的通行和家具的搬运。

引导问题 11：楼梯的净空高度包括 _____ 的净高和 _____ 处的净高。

引导问题 12：平台过道处净高是指 _____ 至平台梁正下方踏步或楼地面上边缘的 _____ 距离，应不小于 2000mm；_____ 净高应不小于 2200mm。

引导问题 13：请将"梯段净高"和"平台净高"分别填入对应的括号中。

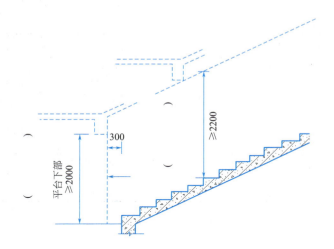

 评价反馈

1. 学生进行自我评价，并将结果填入表 5-2-1。

学生自评表   表 5-2-1

班级：	姓名：	学号：		
任务 5.2	楼梯的尺度要求			
评价项目	评价标准		分值	得分
楼梯构件尺度	熟悉楼梯主要构件的尺度		20	
楼梯设计	掌握普通双跑楼梯的计算方法		40	
工作态度	态度端正，无无故缺席、迟到、早退现象		10	
工作质量	能按计划完成工作任务		10	
协调能力	与小组成员、同学之间能合作交流、协调工作		5	
职业素质	能做到保护环境、爱护公共设施		5	
创新意识	通过本小组工作任务，判别学校建筑群内存在的楼梯类型		10	
合计			100	

2. 学生以小组为单位，对以上任务进行互评，将结果填入表 5-2-2。

学生互评表   表 5-2-2

班级：	小组：					
任务 5.2	楼梯的尺度要求					
评价项目	分值	评价对象得分				
熟悉楼梯主要构件的尺度	20					

续表

掌握普通双跑楼梯的计算方法	40				
工作态度	10				
工作质量	10				
协调能力	5				
职业素质	5				
创新意识	10				
合计	100				

3. 教师对学生工作过程与结果进行评价，将评价结果填入表 5-2-3。

教师综合评价表　　　　　　　　　　　　　表 5-2-3

班级：　　　姓名：　　　学号：				
任务 5.2	楼梯的尺度要求			
评价项目	评价标准		分值	得分
楼梯构件尺度	熟悉楼梯主要构件的尺度		20	
楼梯设计	掌握普通双跑楼梯的计算方法		40	
工作态度	态度端正，无无故缺席、迟到、早退现象		10	
工作质量	能按计划完成工作任务		10	
协调能力	与小组成员、同学之间能合作交流、协调工作		5	
职业素质	能做到保护环境、爱护公共设施		5	
创新意识	能通过本小组工作任务，判别学校建筑群内存在的楼梯类型		10	
合计			100	
综合评价	自评（20%）	互评（30%）	教师评价（50%）	综合得分

 任务相关知识点

　　楼梯是建筑物的竖向构件，是供人和物上下楼层和疏散人流之用。因此对楼梯的尺度要求首先是应具有足够的通行能力，即保证楼梯有足够的宽度和合适的坡度。楼梯的尺度受建筑的使用性质和建筑的平面尺寸影响。

一、踏步尺度

　　梯段的踏步数应≤18 级，但不应少于 3 级。

　　楼梯的坡度均由踏步的高宽比确定，常用的坡度为 30°左右，室内楼梯的适宜坡度为 23°～38°。

　　踏面宽度与人的脚长和上下楼梯时脚与踏面接触状态有关。踏步的高度，成人以 150mm 左右较适宜，不应高于 175mm。踏步的宽度（水平投影宽度）以 300mm 左右为宜，不应窄于 260mm。

　　为了在踏步宽度一定的情况下增加行走舒适度，常将踏步出挑 20～30mm。

楼梯踏步尺寸表

增加踏步宽度的方法

二、梯段尺度

梯段尺度主要指梯宽和梯长。

1. 梯段宽度

梯段宽度指扶手中心线至楼梯间墙面的水平距离。按通行人数考虑时，每股人流所需梯段宽度 550mm＋（0～150mm）。按消防要求考虑时，最小宽度为 1100～1400mm。

2. 平台宽度

楼梯平台包括楼层平台和中间休息平台。楼梯平台宽度应大于或至少等于楼梯段的宽度。具体来说，中间平台宽度应大于或等于梯段宽度，保证在转折处人流的通行和便于家具的搬运；楼层平台宽度应大于或等于中间平台宽度，以利于人流的分配和停留。

梯段改变方向时，扶手转向端处的平台最小宽度不应小于梯段宽度，并不得小于 1.2m，当有搬运大型物件需要时应适当加宽。除开敞式楼梯外，封闭楼梯和防火楼梯其楼层平台宽度应与中间休息平台宽度一致，双跑楼梯休息平台净宽不得小于楼梯梯段净宽。连续直跑楼梯的休息平台宽度不应小于 1.20m（图 5-2-1）。

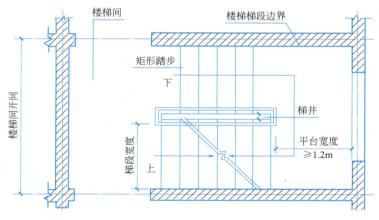

图 5-2-1　平台宽度示意图

三、梯井宽度

托儿所、幼儿园、中小学及少年儿童专用活动场所的楼梯，梯井净宽大于 0.20m 时，必须采取防止少年儿童攀滑的措施。为满足消防要求，梯井宽度一般为 60～200mm。

四、栏杆扶手尺度

扶手高度是指自踏步前缘线量起到扶手顶面的垂直距离。扶手高度不宜小于 0.9m。靠楼梯井一侧水平扶手长度超过 0.50m 时，其高度不应小于 1.05m。

临空高度在 24m 以下时，栏杆高度不应低于 1.05m，临空高度在 24m 及 24m 以上（包括中高层住宅）时，栏杆高度不应低于 1.10m。

五、楼梯净空高度

楼梯各部位的净空高度应满足人流的通行和家具的搬运，楼梯的净空高度包括楼梯段的净高和平台过道处的净高。

平台过道处净高是指平台梁底至平台梁正下方踏步或楼地面上边缘的垂直距离，应不小于 2000mm；梯段净高应不小于 2200mm。如图 5-2-2 所示。

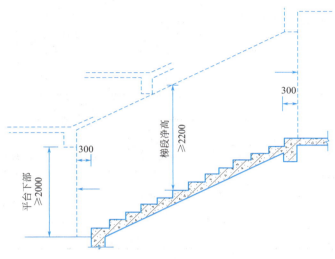

图 5-2-2　楼梯净空高度

六、楼梯尺寸计算

在进行楼梯构造设计时，应对楼梯各细部尺寸进行详细的计算。

（1）根据建筑物的类别和楼梯在平面中的位置，确定楼梯的形式。

（2）根据楼梯的性质和用途，确定楼梯的适宜坡度，选择踏步高 h，踏步宽 b。

（3）根据通过的人数和楼梯间的尺寸确定楼梯间的梯段宽度 B。

（4）确定踏步级数。用房屋的层高 H 除以踏步高 r，得出踏步级数 $n = H/r$。踏步应为整数。结合楼梯的形式，确定每个楼梯段的级数。

（5）确定楼梯平台的宽度 D。

（6）由初定的踏步宽 g 确定楼梯段的水平投影长度。注意楼梯段的踏步宽的个数比楼梯段的踏步级数少一个，最后一个踏步宽并入了平台宽。

（7）进行楼梯净空的计算，使之符合净空高度的要求。

（8）最后绘制楼梯平面图及剖面图。

 **任务 5.3**　钢筋混凝土楼梯

任务概述

本节内容包括：现浇整体式钢筋混凝土楼梯和预制装配式钢筋混凝土楼梯构造。

学习目标

1. 掌握现浇整体式钢筋混凝土楼梯构造；
2. 掌握预制装配式钢筋混凝土楼梯构造。

 任务分组

班级		组号		指导教师	
组长		学号			
组员	姓名	学号	姓名	学号	姓名	学号
任务分工						

 工作实施

钢筋混凝土楼梯

引导问题1：_____楼梯是指在施工现场支模板、绑扎钢筋，将楼梯梯段、平台及平台梁等整浇在一起的楼梯施工形式。

引导问题2：现浇整体式楼梯分为_____楼梯和_____楼梯两种。

引导问题3：板式楼梯由_____、_____和_____组成。

引导问题4：请在方框内填入构件的名称。

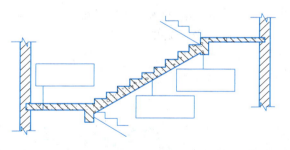

引导问题5：梁式楼梯由_____、_____、_____和_____组成。

引导问题6：踏步板两端支承在_____上，斜梁支承在_____上，平台梁支承在_____（砌体结构）上或_____（框架结构单梁式和双梁式）上。

引导问题7：梁式楼梯按梯段斜梁的位置不同分为_____楼梯和_____楼梯。

引导问题8：请在方框内填入构件的名称。

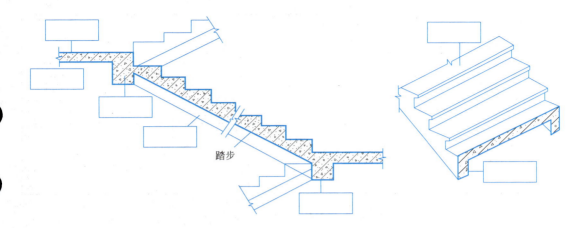

踏步

 评价反馈

1. 学生进行自我评价，并将结果填入表 5-3-1。

学生自评表 表 5-3-1

班级：　　　　　　　　姓名：　　　　　　　　学号：			
任务 5.3	钢筋混凝土楼梯		
评价项目	评价标准	分值	得分
现浇整体式钢筋混凝土楼梯	掌握现浇整体式钢筋混凝土楼梯构造	25	
预制装配式钢筋混凝土楼梯	掌握预制装配式钢筋混凝土楼梯构造	25	
工作态度	态度端正，无无故缺席、迟到、早退现象	10	
工作质量	能按计划完成工作任务	10	
协调能力	与小组成员、同学之间能合作交流、协调工作	10	
职业素质	能做到保护环境、爱护公共设施	10	
创新意识	通过本小组工作任务，判别学校建筑群内存在的楼梯类型	10	
合计		100	

2. 学生以小组为单位，对以上任务进行互评，将结果填入表 5-3-2。

学生互评表 表 5-3-2

班级：　　　　　　小组：						
任务 5.3	钢筋混凝土楼梯					
评价项目	分值	评价对象得分				
掌握现浇整体式钢筋混凝土楼梯构造	25					

续表

掌握预制装配式钢筋混凝土楼梯构造	25				
工作态度	10				
工作质量	10				
协调能力	10				
职业素质	10				
创新意识	10				
合计	100				

3. 教师对学生工作过程与结果进行评价，将评价结果填入表 5-3-3。

教师综合评价表　　　　　　　　　　　　　　　　表 5-3-3

班级：　　　　姓名：　　　　学号：				
任务 5.3	钢筋混凝土楼梯			
评价项目	评价标准		分值	得分
现浇整体式钢筋混凝土楼梯	掌握现浇整体式钢筋混凝土楼梯构造		25	
预制装配式钢筋混凝土楼梯	掌握预制装配式钢筋混凝土楼梯构造		25	
工作态度	态度端正，无无故缺席、迟到、早退现象		10	
工作质量	能按计划完成工作任务		10	
协调能力	与小组成员、同学之间能合作交流、协调工作		10	
职业素质	能做到保护环境、爱护公共设施		10	
创新意识	能通过本小组工作任务，判别学校建筑群内存在的楼梯类型		10	
合计			100	
综合评价	自评（20%）	互评（30%）	教师评价（50%）	综合得分

📚 任务相关知识点

楼梯的施工工艺主要分为现浇和预制装配两种。钢筋混凝土楼梯可以根据建筑主体的结构施工情况采用整体现浇或预制装配；钢、木楼梯则全部采用装配式的施工工艺。我们主要介绍现浇整体式钢筋混凝土楼梯。

一、现浇整体式钢筋混凝土楼梯

现浇整体式钢筋混凝土楼梯是指在施工现场支模板、绑扎钢筋，将楼梯梯段、平台及平台梁等整浇在一起的楼梯施工形式。

现浇整体式钢筋混凝土楼梯的优点是整体性好、刚度大和抗震性能好等；缺点是施工周期长、模板消耗量大、现场湿作业多。

现浇整体式楼梯分为板式楼梯和梁式楼梯两种。

1. 现浇板式楼梯

板式楼梯由梯段板、平台板和平台梁组成。

梯段板是一块带有锯齿形踏步的斜板，两端支承在平台梁上；平台板一端支承在平台梁上，另一端支承在墙（梁）上；平台梁支承在墙体上（砌体结构）或柱上（框架结构）。

板式楼梯的结构特点

2. 现浇梁式楼梯

梁式楼梯由梯段斜梁、踏步板、平台板和平台梁组成。

踏步板两端支承在斜梁上，斜梁支承在平台梁上，平台梁支承在墙体（砌体结构）上或柱（框架结构单梁式和双梁式）上。

梁式楼梯的类型

3. 其他形式楼梯

现浇扭板式钢筋混凝土楼梯底面平整，结构占空间少，造型美观。但由于板跨大，受力复杂，材料消耗量大。适用于标准较高的公共建筑。为了使梯段造型轻盈，常在靠近边缘处局部减薄出挑。

其他形式楼梯

还有从侧边出挑的挑板楼梯、作为空间构件的悬挑楼梯、悬挂楼梯、支撑在中心立杆上的螺旋楼梯等。

二、预制装配式钢筋混凝土楼梯

预制装配式钢筋混凝土楼梯按照构造方式可以分为：梁承式、墙承式和墙悬臂式。

1. 梁承式楼梯

梁承式楼梯是斜梁、踏步板、平台梁和平台预制板装配而成的。由于在楼梯平台与斜向楼梯段交汇处设置了平台梁，避免了构件转折处受力不合理和节点处理的困难，在一般性民用建筑中较为常用。

2. 墙承式楼梯

墙承式楼梯是把预制的踏步板搁置在两侧的墙上，并按事先设计好的方案，施工时按顺序搁置，形成楼梯段，此时踏步板相当于一块靠墙体支承的简支板。墙承式楼梯适用于两层建筑的直跑楼梯或中间设有电梯井道的三跑楼梯。

3. 墙悬臂式楼梯

墙悬臂式楼梯是把预制钢筋混凝土踏步板一端嵌固于楼梯间侧墙上，另一端悬挑的楼梯形式。它是由单个踏步板组成楼梯段，由墙体承担楼梯的荷载，梯段与平台之间没有传力关系，因此可以取消平台梁。

任务 5.4　楼梯的细部构造

💡 **任务概述**

本节内容包括：踏步面层及防滑措施、栏杆（栏板）与扶手构造。

学习目标

1. 掌握踏步面层及防滑构造；
2. 掌握栏杆与扶手构造。

 ## 任务分组

班级		组号		指导教师	
组长		学号			
组员	姓名	学号	姓名	学号	姓名	学号
任务分工						

 ## 工作实施

踏步面层及防滑措施　　栏杆（栏板）与扶手构造

引导问题1：踏步上设置_____的目的在于避免行人滑倒，并起到保护的作用。

引导问题2：楼梯栏杆、栏板是楼梯的_____设施，设置在楼梯和顶层平台_____的一侧。

引导问题3：请根据图片，将栏杆的类型填入对应的括号内。

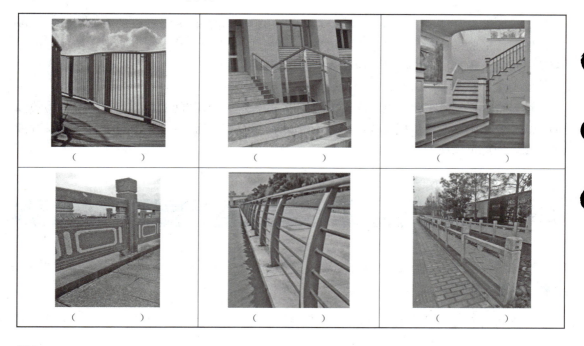

 **评价反馈**

1. 学生进行自我评价，并将结果填入表5-4-1。

学生自评表　　　　　　　　　　　　　　　　　　　　　　　　　　**表 5-4-1**

班级：　　姓名：　　　学号：			
任务 5.4	楼梯的细部构造		
评价项目	评价标准	分值	得分
踏步面层及防滑构造	掌握踏步面层及防滑构造	25	
栏杆与扶手构造	掌握栏杆与扶手构造	25	
工作态度	态度端正，无无故缺席、迟到、早退现象	10	
工作质量	能按计划完成工作任务	10	
协调能力	与小组成员、同学之间能合作交流、协调工作	10	
职业素质	能做到保护环境、爱护公共设施	10	
创新意识	通过本小组工作任务，判别学校建筑群内存在的楼梯类型	10	
合计		100	

2. 学生以小组为单位，对以上任务进行互评，将结果填入表5-4-2。

学生互评表　　　　　　　　　　　　　　　　　　　　　　　　　　**表 5-4-2**

班级：　　　小组：					
任务 5.4	楼梯的细部构造				
评价项目	分值	评价对象得分			
掌握踏步面层及防滑构造	25				
掌握栏杆与扶手构造	25				
工作态度	10				
工作质量	10				
协调能力	10				
职业素质	10				
创新意识	10				
合计	100				

3. 教师对学生工作过程与结果进行评价，将评价结果填入表5-4-3。

教师综合评价表 　　表 5-4-3

班级：	姓名：	学号：			
任务 5.4		楼梯的细部构造			
评价项目		评价标准		分值	得分
踏步面层及防滑构造		掌握踏步面层及防滑构造		25	
栏杆与扶手构造		掌握栏杆与扶手构造		25	
工作态度		态度端正，无无故缺席、迟到、早退现象		10	
工作质量		能按计划完成工作任务		10	
协调能力		与小组成员、同学之间能合作交流、协调工作		10	
职业素质		能做到保护环境、爱护公共设施		10	
创新意识		能通过本小组工作任务,判别学校建筑群内存在的楼梯类型		10	
合计				100	
综合评价	自评(20%)	互评(30%)	教师评价(50%)	综合得分	

 任务相关知识点

　　楼梯细部构造主要包括踏步面层及防滑措施、栏杆（栏板）与扶手构造。

一、踏步面层及防滑构造

1. 踏步面层

　　踏步表面的装修用材应选择耐磨、美观、不起尘、防滑和易清洁的材料，以便于行走和清扫。通常楼梯踏步面层装修做法与楼层面层装修做法相同（图 5-4-1）。

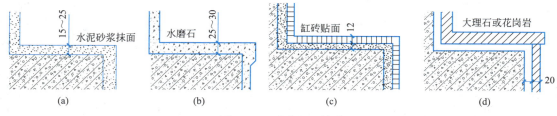

图 5-4-1　踏步面层构造

（a）水泥砂浆踏步面层；（b）水磨石踏步面层；（c）缸砖贴面踏步面层；（d）大理石或花岗岩踏步面层

踏步面层及防滑处理

2. 踏步前缘防滑条

　　踏步表面光滑虽然便于清扫，但在行走时容易滑倒，故踏步一般在踏步前缘设有防滑构造，尤其是使用人数多的楼梯，必须有防滑措施。踏步上设置防滑条的目的在于避免行人滑倒，并起到保护踏步阳角的作用。

　　常用的防滑条材料有：水泥铁屑、金刚砂、金属条（铸铁、铝条、铜条）、马赛克及带防滑条缸砖等。

二、栏杆与扶手构造

楼梯栏杆、栏板是楼梯的安全设施，设置在楼梯和顶层平台临空的一侧。

1. 栏杆形式与构造

栏杆形式可分为空花式、栏板式、组合式等类型，应根据装修标准和使用对象的不同进行合理地选择和设计。

1）空花式

空花式栏杆一般采用钢材、木材、铝合金型材、钢材和不锈钢材等制作，断面有圆形和方形，分为实心和空心两种，其杆件形成的空花尺寸不宜过大，通常控制在 120～150mm。

2）栏板式

栏板式是以栏板替代空花栏杆。栏板式具有节约钢材、无锈蚀问题、比较安全的特点。

楼梯空花栏杆

3）组合式

组合式是指空花式和栏板式两种栏杆形式的组合。栏板为防护和美观装饰构件，常采用轻质美观材料制作。

2. 扶手

扶手位于栏杆或栏板顶部，常用木材、塑料、金属管材（钢管、铝合金管、钢管和不锈钢管等）制作。

1）栏杆与扶手连接

空花式和组合式栏杆当采用木材或塑料扶手时，一般在栏杆竖杆顶部设通长扁钢与扶手底面或侧面槽口榫接，用木螺钉固定，金属管材扶手与栏杆竖杆连接一般采用焊接或铆接。

栏杆与扶手的连接

2）栏杆与梯段、平台连接

栏杆竖杆与梯段、平台的连接分为焊接和插接两种，即在梯段和平台上预埋钢板焊接或预留孔插接。为了保护栏杆免受锈蚀和增强美观，常在竖杆下部装设套环盖碗，覆盖栏杆与梯段平台的交界处。

任务 5.5　台阶与坡道

　任务概述

本节内容包括：台阶、坡道的概念、设置要求。

　学习目标

1. 掌握台阶、坡道的概念；
2. 了解台阶、坡道设置要求；
3. 熟悉台阶、坡道常用的尺度要求和构造要求。

任务分组

班级		组号		指导教师			
组长		学号					
组员	姓名	学号	姓名	学号	姓名	学号	
任务分工							

工作实施

台阶与坡道

引导问题 1：台阶由_____、_____、_____等组成，面层应采用_____等耐气候作用的材料。

引导问题 2：公共建筑室内外台阶踏步宽度不宜小于_____m，踏步高度不宜大于_____m，并不宜小于 0.10m，踏步应防滑。室内台阶踏步数不应少于_____级，当高差不足 2 级时，应按坡道设置。

引导问题 3：入口平台的表面应做成向室外倾斜 1％～4％的坡度，以利于_____。人流密集场所的台阶高差超 0.70m，当侧面临空时，应有_____设施。

引导问题 4：台阶应等_____工程完成后再进行施工，并与主体结构之间留出约 10mm 的_____。

引导问题 5：坡度按照用途不同，可以分为_____坡道和_____坡道两类。

评价反馈

1. 学生进行自我评价，并将结果填入表 5-5-1。

学生自评表　　　　　　　　　　　　　　　　　表 5-5-1

班级：	姓名：	学号：		
任务 5.5		台阶与坡道		
评价项目	评价标准		分值	得分
台阶	掌握台阶的概念、熟悉台阶的构造		30	
坡道	掌握坡道的概念、熟悉坡道的构造		30	
工作态度	态度端正，无无故缺席、迟到、早退现象		10	
工作质量	能按计划完成工作任务		10	
协调能力	与小组成员、同学之间能合作交流、协调工作		5	
职业素质	能做到保护环境、爱护公共设施		5	
创新意识	通过本小组工作任务，判别学校建筑群内存在的台阶与坡道的类型		10	
合计			100	

2. 学生以小组为单位，对以上任务进行互评，将结果填入表 5-5-2。

学生互评表 表 5-5-2

班级：　　　　小组：						
任务 5.5		台阶与坡道				
评价项目	分值	评价对象得分				
掌握台阶的概念、熟悉台阶的构造	30					
掌握坡道的概念、熟悉坡道的构造	30					
工作态度	10					
工作质量	10					
协调能力	5					
职业素质	5					
创新意识	10					
合计	100					

3. 教师对学生工作过程与结果进行评价，将评价结果填入表 5-5-3。

教师综合评价表 表 5-5-3

班级：　　　　姓名：　　　　学号：				
任务 5.5	台阶与坡道			
评价项目	评价标准	分值	得分	
台阶	掌握台阶的概念、熟悉台阶的构造	30		
坡道	掌握坡道的概念、熟悉坡道的构造	30		
工作态度	态度端正，无无故缺席、迟到、早退现象	10		
工作质量	能按计划完成工作任务	10		
协调能力	与小组成员、同学之间能合作交流、协调工作	5		
职业素质	能做到保护环境、爱护公共设施	5		
创新意识	能通过本小组工作任务，判别学校建筑群内存在的台阶与坡道的类型	10		
合计		100		
综合评价	自评(20%)	互评(30%)	教师评价(50%)	综合得分

🕮 **任务相关知识点**

台阶与坡道是在建筑物入口处连接室内外不同标高地面的构件。

一、台阶

台阶的踏步可做成三面踏步和单面踏步，坡道可单独设置或与台阶结合布置（图 5-4-1）。

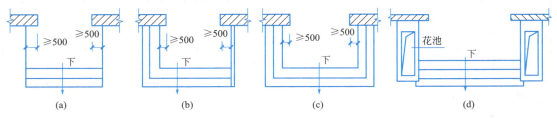

图 5-4-1　台阶的形式

（a）单面踏步；（b）两面踏步；（c）三面踏步；（d）单面踏步带花池

台阶由面层、垫层、基层等组成，面层应采用水泥砂浆、混凝土、水磨石、缸砖、天然石材等耐气候作用的材料（图 5-4-2）。

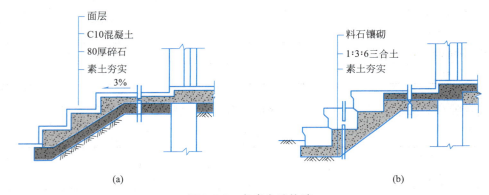

图 5-4-2　各类台阶构造

（a）混凝土台阶；（b）条石台阶

公共建筑室内外台阶踏步宽度不宜小于 0.30m，踏步高度不宜大于 0.15m，并不宜小于 0.10m，踏步应防滑。室内台阶踏步数不应少于 2 级，当高差不足 2 级时，应按坡道设置。入口平台的表面应做成向室外倾斜 1‰～4‰的坡度，以利于排水。人流密集场所的台阶高差超 0.70m，当侧面临空时，应有防护设施。

台阶应等建筑物主体工程完成后再进行施工，并与主体结构之间留出约 10mm 的沉降缝。

二、坡道

坡道按照其用途的不同，可以分为行车坡道（图 5-4-3）和轮椅坡道两类。

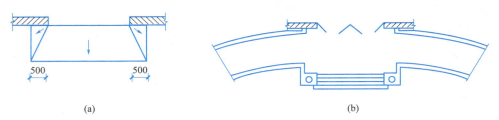

图 5-4-3　行车坡道

（a）普通行车坡道；（b）回车坡道

　　坡道的构造与台阶基本相同，垫层的强度和厚度应根据坡道上的荷载来确定，季节冰冻地区的坡道需在垫层下设置非冻胀层。

　　台阶与坡道因为在雨天也一样使用，所以面层材料必须防滑，坡道表面常做成锯齿形或带防滑条（图 5-4-4）。

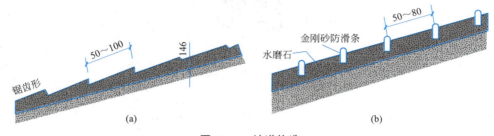

图 5-4-4　坡道构造
（a）混凝土坡道；（b）防滑条坡道

三、有高差处无障碍设计构造——台阶和坡道

　　无障碍坡道设计中的轮椅坡道是最适合残疾人使用的竖向交通设施之一。无障碍出入口的轮椅坡道净宽度不应小于 1.20m，并且平台的宽度应满足残疾人休息和轮椅的回转半径。不同的地面高度，可选用不同坡道的坡度。

　　入口可以只设坡道或者设台阶和坡道联合。

模块6

屋顶

任务 6.1　屋顶的分类及构造要求

 任务概述

本节内容包括：屋顶的分类及构造要求。

 学习目标

1. 熟悉屋顶的分类及功能；
2. 掌握屋顶的设计要求。

 任务分组

班级		组号		指导教师	
组长		学号			
组员	姓名	学号	姓名	学号	姓名	学号
任务分工						

 工作实施

引导问题 1：屋顶的两个主要作用：一是＿＿＿＿＿＿＿作用；二是＿＿＿＿＿＿作用。

引导问题 2：屋顶主要由＿＿＿＿、＿＿＿＿、＿＿＿＿和＿＿＿＿四部分组成。

引导问题 3：按屋顶的坡度和外形分为＿＿＿＿屋顶、＿＿＿＿＿屋顶和＿＿＿＿屋顶。

引导问题 4：平屋顶通常是指屋面坡度小于＿＿＿＿的屋顶。

引导问题 5：按其排水方式可以分为＿＿＿＿＿屋面和＿＿＿＿＿屋面。

屋顶的分类　　屋顶设计要求

评价反馈

1. 学生进行自我评价，并将结果填入表 6-1-1。

班级：　　　　姓名：　　　　学号：			
任务 6.1	屋顶的分类及构造要求		
评价项目	评价标准	分值	得分
屋顶的作用及组成	熟悉屋顶的作用及组成	15	
屋顶类型	掌握平屋顶、坡屋顶的概念及特点	15	
	了解其他形式的屋顶	10	
屋顶的设计要求	掌握屋顶设计的功能要求	10	
	掌握屋顶设计的结构要求	10	
	掌握屋顶设计的建筑艺术要求	10	
工作态度	态度端正，无无故缺席、迟到、早退现象	10	
工作质量	能按计划完成工作任务	5	
协调能力	与小组成员、同学之间能合作交流、协调工作	5	
职业素质	能做到保护环境、爱护公共设施	5	
创新意识	能通过本小组工作任务，判别学校建筑物屋顶类型	5	
合计		100	

2. 学生以小组为单位，对以上任务进行互评，将结果填入表 6-1-2。

班级：　　　　小组：					
任务 6.1		屋顶的分类及构造要求			
评价项目	分值	评价对象得分			
熟悉屋顶的作用及组成	15				
掌握平屋顶、坡屋顶的概念及特点	15				
了解其他形式的屋顶	10				
掌握屋顶设计的功能要求	10				
掌握屋顶设计的结构要求	10				
掌握屋顶设计的建筑艺术要求	10				
工作态度	10				
工作质量	5				
协调能力	5				
职业素质	5				
创新意识	5				
合计	100				

3. 教师对学生工作过程与结果进行评价，将评价结果填入表 6-1-3。

教师综合评价表　　　　　　　　　　　　　　　表 6-1-3

班级：　　　姓名：　　　　学号：				
任务 6.1	屋顶的分类及构造要求			
评价项目	评价标准	分值	得分	
屋顶的作用及组成	熟悉屋顶的作用及组成	15		
屋顶类型	掌握平屋顶、坡屋顶的概念及特点	15		
	了解其他形式的屋顶	10		
屋顶的设计要求	掌握屋顶设计的功能要求	10		
	掌握屋顶设计的结构要求	10		
	掌握屋顶设计的建筑艺术要求	10		
工作态度	态度端正，无无故缺席、迟到、早退现象	10		
工作质量	能按计划完成工作任务	5		
协调能力	与小组成员、同学之间能合作交流、协调工作	5		
职业素质	能做到保护环境、爱护公共设施	5		
创新意识	能通过本小组工作任务，判别学校建筑物屋顶类型	5		
合计		100		
综合评价	自评（20%）	互评（30%）	教师评价（50%）	综合得分

任务相关知识点

　　屋顶是建筑最上层的覆盖构件。它有两个主要作用：一是承重作用，承受作用于屋顶上的各种荷载和屋顶自重，同时对房屋上部起水平支撑作用；二是围护作用，防御自然界的风、雨、雪、太阳辐射热和冬季低温等气候因素的影响。

　　屋顶主要由屋面层、承重结构、保温或隔热层和顶棚四部分组成。支承结构可以是平面结构，如屋架、刚架、梁板等；也可以是空间结构，如薄壳、网架、悬索等。

6.1.1　屋顶的类型

　　由于屋面材料和承重结构形式不同，屋顶有多种类型。

　　1. 按屋顶的坡度和外形分为平屋顶、坡屋顶和其他形式屋顶。

　　平屋顶通常是指屋面坡度小于 5% 的屋顶，常用坡度为 2%～3%（图 6-1-1a）。平屋顶易于协调统一建筑与结构的关系，节约材料，屋面可供多种利用，如设露台、屋顶花园、屋顶游泳池等。坡屋顶是指屋面坡度较陡的屋顶，其坡度一般在 10% 以上。坡屋顶的常见形式有：单坡（图 6-1-1b）、双坡、四坡屋顶，硬山及悬山屋顶，歇山及庑殿屋顶，圆形或多角形攒尖屋顶等。随着建筑科学技术的发展，在大跨度公共建筑中使用了多种新型结构的屋顶，如薄壳屋顶、网架屋顶、拱屋顶、折板屋顶、悬索屋顶等。

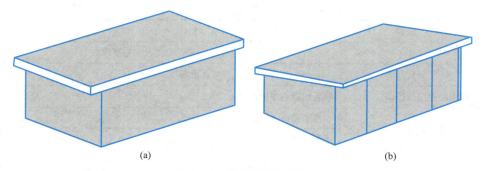

图 6-1-1　平屋顶和坡屋顶

（a）挑檐平屋顶；（b）单坡屋顶

2. 按保温要求分类，可以分为保温屋面和无保温屋面。

3. 按屋面是否上人可以分为上人屋面和不上人屋面。

4. 按其排水方式可以分为有组织排水屋面和无组织排水屋面。

6.1.2　屋顶的设计要求

屋顶设计必须满足坚固、耐久、防水、排水、保温（隔热）、抵御侵蚀等要求。同时，还应做到自重轻、构造简单、施工方便，便于就地取材等。在这些要求中，防水、排水最为重要。

1. 功能要求

能抵御风、霜、雨、雪的侵袭及有良好的保温隔热性能，满足屋面防水排水要求。

2. 结构要求

屋顶是房屋的围护结构，也是房屋的承重结构，应具有足够的强度和刚度，以保证房屋的结构安全，并防止因变形过大而引起防水层开裂、漏水。

3. 建筑艺术要求

应注重屋面形式及其细部的设计，以满足人们对建筑艺术方面的需求。

任务 6.2　平屋顶的组成及构造

 任务概述

本节内容包括：平屋顶的组成、平屋顶排水和屋面防水。

 学习目标

1. 了解平屋顶的组成；

2. 熟悉平屋顶的排水构造要求；

3. 掌握卷材防水平屋顶的组成与细部构造；

4. 掌握刚性防水平屋顶的组成与细部构造。

 任务分组

班级		组号		指导教师			
组长		学号					
组员	姓名	学号	姓名	学号	姓名	学号	
任务分工							

 **工作实施**

平屋顶的组成　　平屋顶排水　　屋面防水　　防水细部构造

1. 平屋顶的组成

引导问题 1：平屋顶_____（是或不是）水平的。

引导问题 2：_____主要起保温隔热作用，一般位于结构层与防水层之间，在北方寒冷地区也可倒置于防水层之外。

2. 平屋顶排水

引导问题 3：平屋顶主要有_____排水和_____排水两种排水方式。

引导问题 4：内排水的雨水管安装在室内，主要用于_____、_____或_____的建筑。

引导问题 5：外排水方式有_____外排水、_____外排水、_____外排水。

3. 屋面防水

引导问题 6：屋面防水的主要方式有_____防水、_____防水、_____防水等。

引导问题 7：屋面防水工程常用的防水卷材有_____卷材、_____卷材和_____卷材。

引导问题 8：涂膜防水屋面是用_____刷在屋面基层上，利用涂料干燥或固化以后的不透水性来达到防水的目的。

 **评价反馈**

1. 学生进行自我评价，并将结果填入表 6-2-1。

学生自评表 表 6-2-1

班级：	姓名：	学号：		
任务 6.2		平屋顶的组成及构造		
评价项目		评价标准	分值	得分
平屋顶的组成		了解平屋顶的组成	10	
平屋顶排水	无组织排水	熟悉无组织排水的构造要求	10	
	有组织排水	熟悉有组织排水的构造要求	10	
屋面防水	卷材防水	掌握卷材防水平屋顶的组成与细部构造	25	
	涂膜防水	熟悉涂膜防水平屋顶的组成与细部构造	15	
工作态度		态度端正，无无故缺席、迟到、早退现象	10	
工作质量		能按计划完成工作任务	5	
协调能力		与小组成员、同学之间能合作交流、协调工作	5	
职业素质		能做到保护环境、爱护公共设施	5	
创新意识		通过本小组工作任务，能根据设计使用要求，选择合适平屋顶防水方案	5	
合计			100	

2. 学生以小组为单位，对以上任务进行互评，将结果填入表 6-2-2。

学生互评表 表 6-2-2

班级：		小组：			
任务 6.2		平屋顶的组成及构造			
评价项目	分值	评价对象得分			
了解平屋顶的组成	10				
熟悉无组织排水的构造要求	10				
熟悉有组织排水的构造要求	10				
掌握卷材防水平屋顶的组成与细部构造	25				
熟悉涂膜防水平屋顶的组成与细部构造	15				
工作态度	10				
工作质量	5				
协调能力	5				
职业素质	5				
创新意识	5				
合计	100				

3. 教师对学生工作过程与结果进行评价，将评价结果填入表 6-2-3。

教师综合评价表　　　表 6-2-3

班级：　　姓名：　　学号：				
任务 6.2		平屋顶的组成及构造		
评价项目		评价标准	分值	得分
平屋顶的组成		了解平屋顶的组成	10	
平屋顶排水	无组织排水	熟悉无组织排水的构造要求	10	
	有组织排水	熟悉有组织排水的构造要求	10	
屋面防水	卷材防水	掌握卷材防水平屋顶的组成与细部构造	25	
	涂膜防水	熟悉涂膜防水平屋顶的组成与细部构造	15	
工作态度		态度端正，无无故缺席、迟到、早退现象	10	
工作质量		能按计划完成工作任务	5	
协调能力		与小组成员、同学之间能合作交流、协调工作	5	
职业素质		能做到保护环境、爱护公共设施	5	
创新意识		能通过本小组工作任务，通过本小组工作任务，能根据设计使用要求，选择合适平屋顶防水方案	5	
合计			100	
综合评价	自评（20%）	互评（30%）	教师评价（50%）	综合得分

任务相关知识点

6.2.1　平屋顶的组成

　　平屋顶因其能适应各种平面形状，构造简单，施工方便，屋顶表面便于利用等优点，成为建筑采用的主要屋顶形式，它主要由顶棚层、结构层、保温层、防水层和保护层组成。平屋顶坡度一般小于 5%。

　　1. 顶棚层

　　顶棚层是屋顶的底面，在结构层下方，起美观和装饰作用。当承重结构采用梁板结构时，一般在梁、板底面直接抹灰，形成直接抹灰顶棚；当承重结构采用屋架或顶棚美观要求较高时，可从承重结构向下吊挂顶棚，形成吊顶棚。

　　2. 结构层

　　结构层的主要作用是承担屋顶的所有重量，要求有足够的强度和刚度，以防止由于结构变形过大引起防水层开裂。其做法与楼盖相似，一般采用预制装配或现浇钢筋混凝土楼板。

常用保温材料

屋面防水等级和设防要求

3. 保温层

保温层主要起保温隔热作用，一般位于结构层与防水层之间，在北方寒冷地区也可倒置于防水层之外。主要为松散材料，如加气混凝土、泡沫塑料、膨胀蛭石、膨胀珍珠岩等。

4. 防水层

防水层作用是防止雨水渗入屋面，主要有刚性防水屋面和柔性防水屋面两种做法。

5. 保护层

保护层是屋面最外部的保护构造，增强屋面的耐久性。上人屋面保护层采用现浇细石混凝土或块体材料。不上人屋面保护层采用预制板或浅色涂料或铝箔或粒径10～30mm 的卵石。

6.2.2 平屋顶排水

平屋顶的排水坡度较小（平屋顶的排水坡度不大于 5％，多采用 2％～3％），要把屋面上的雨雪水尽快地排出，就要组织好屋顶的排水系统，选择合理的排水方式。平屋顶主要有无组织排水和有组织排水两种排水方式。

1. 无组织排水

无组织排水又称自由落水，是指屋面雨水经挑檐自由下落至室外地面的一种排水方式（图 6-2-1）。无组织排水构造简单，造价低，但雨水有时会溅湿勒脚甚至污染墙面，一般用于低层或次要建筑，以及降雨量较少地区的建筑。

2. 有组织排水

有组织排水是指通过排水系统，将屋面积水有组织地排至地面，即将屋面划分成若干个排水区，使雨水进入排水天沟，

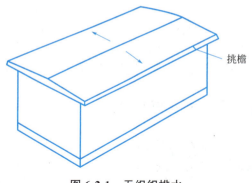

挑檐

图 6-2-1 无组织排水

经过雨水口、雨水斗、雨水管排至室外地面，最后排往市政地下排水管网系统。有组织排水不妨碍人行交通，雨水不易溅湿墙面，因而在建筑工程中应用十分广泛。但相对于无组织排水来说，构造复杂，造价较高。有组织排水按雨水管的位置可分为内排水和外排水。

（1）内排水

雨水管安装在室内，主要用于多跨建筑、高层建筑或立面有特殊要求的建筑。此外，在严寒地区为防止雨水管冻裂也将其放在室内，如图 6-2-2 所示。雨水管位置应避免设在主要使用房间内，一般设在卫生间、过道、楼梯间等次要空间内，也可设置管道井。

（2）外排水

雨水管装设在室外，其优点是构造简单，不妨碍室内空间的使用，应用较广。

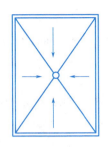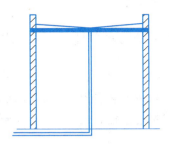

图 6-2-2　有组织内排水

外排水又可细分为以下几种：

1）挑檐沟外排水。屋面雨水汇集到悬挑在墙外的挑檐沟内，再从雨水管排下，如图 6-2-3（a）所示。

2）女儿墙外排水。在女儿墙内设置天沟，雨水汇入天沟后穿过女儿墙进入室外的雨水管，如图 6-2-3（b）所示。

3）女儿墙挑檐沟外排水。其屋面特点是既有女儿墙又有挑檐沟，雨水进入檐沟前先通过女儿墙，一般蓄水屋面和种植屋面多采用此种排水方式，如图 6-2-3（c）所示。

 挑檐沟外排水

 女儿墙外排水

屋顶排水方式的选择应综合考虑屋顶结构形式、气候条件、使用特点，并应优先考虑外排水。

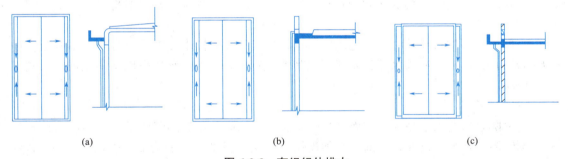

（a）　　　　　　　　　　　（b）　　　　　　　　　　　（c）

图 6-2-3　有组织外排水
（a）挑檐沟外排水；（b）女儿墙外排水；（c）女儿墙挑檐沟外排水

6.2.3　屋面防水

屋面防水是利用防水材料的不透水性，材料间相互搭接形成一个封闭的不透水覆盖层，并利用屋面坡度使降于屋面的雨水和融化的雪水因势利导地排离屋面。屋面防水的主要方式有卷材防水、涂膜防水、刚性防水等。屋面防水多道设防时，可将卷材、涂膜、细石防水混凝土、瓦等材料复合使用，也可使用卷材叠层。屋面工程防水设计应遵循"合理设防、防排结合、因地制宜、综合治理"的原则。

一、卷材防水屋面

1. 防水卷材

屋面防水工程常用的防水卷材有高聚物改性沥青卷材、沥青防水卷材和合成高分子卷材。

2. 卷材防水构造

卷材防水屋面由多层材料叠合而成，其基本构造层次按构造要求由结构层、找平层、结合层、防水层和保护层组成，如图 6-2-4 所示。

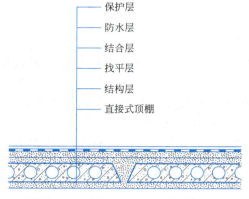

图 6-2-4　卷材防水屋面的构造组成

（1）结构层

卷材防水屋面的结构层通常为具有一定强度和刚度的预制或现浇钢筋混凝土屋面板。

（2）找坡层

当屋顶采用材料找坡时，应选用轻质材料形成所需的排水坡度，通常是在结构层上铺 1∶（6～8）的水泥炉渣或水泥膨胀蛭石或其他轻质混凝土等。屋顶采用结构找坡时，则不设找坡层。

（3）找平层

卷材防水层要求铺贴在坚固而平整的基层上，以避免卷材凹陷或断裂，因而在松软材料及预制屋面板上铺设卷材以前，必须先做找平层。找平层一般为 20～30mm 厚 1∶3 水泥砂浆或 1∶8 沥青砂浆。为防止找平层变形开裂而波及卷材防水层，宜在找平层中留设分隔缝。分隔缝的宽度一般为 20mm，纵横间距不大于 6m。分隔缝上面应覆盖一层 200～300mm 宽的附加卷材，用胶粘剂单边点粘。

（4）结合层

结合层就是对找平层表面进行处理，使卷材与基层胶结牢固。沥青类卷材通常用冷底子油做结合层，高分子卷材则多用配套基层处理剂，也有的采用冷底子油或稀释乳化沥青做结合层。

（5）防水层

1）沥青卷材防水层（以油毡为例）。油毡防水层由多层油毡和沥青玛琋脂交替粘合而成。当屋面坡度小于 3% 时，油毡宜平行于屋脊，从檐口到屋脊层层向上铺贴，如图 6-2-5（a）所示。屋面坡度为 3%～15% 时，油毡可平行或垂直于屋脊铺贴。当屋面坡度大于

15％或屋面受震动时，油毡应垂直于屋脊铺贴，如图 6-2-5（b）所示。油毡接头处应相互搭接，沿油毡长边方向搭接宽度为 80～120mm，短边方向搭接 100～150mm。

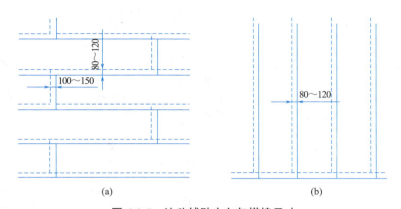

（a）　　　　　　　　　　　　　　　（b）

图 6-2-5　油毡铺贴方向与搭接尺寸

（a）油毡平行于屋脊铺贴；（b）油毡垂直于屋脊铺贴

2）高聚物改性沥青卷材。高聚物改性沥青卷材的铺贴方法有冷粘法和热熔法两种。冷粘法是用胶粘剂将卷材粘贴在找平层上，或利用卷材的自粘性进行铺贴。热熔法施工是用火焰加热器将卷材均匀加热至表面光亮发黑，然后立即滚铺卷材使之平展并辊压牢固。

3）合成高分子卷材。以三元乙丙橡胶卷材为例，其构造做法是：先在找平层上涂刮基层处理剂如 CX-404 胶等，要求薄而均匀，待处理剂干燥不粘手后即可铺贴卷材。卷材长边应最少搭接 50mm，短边最少搭接 70mm。卷材铺好后立即将其辊压密实，搭接部位用胶粘剂均匀涂刷粘全。

（6）保护层

卷材防水层裸露在屋顶上，受温度、阳光及氧气等作用容易老化。为保护防水层，延缓卷材老化、增加使用年限，卷材表面需设保护层。当为非上人屋面时，可在最后一层沥青胶上趁热满粘一层 3～6mm 粒径的无棱石子，俗称绿豆砂保护层。这种做法比较经济方便，有一定效果。当为上人屋面时，可在防水层上面浇筑 30～40mm 厚细石混凝土，也可用 20mm 厚 1：3 水泥砂浆贴地砖或混凝土预制板等，既为上人屋面提供活动面层，也起保护防水层作用。

3. 细部构造

柔性防水屋面应处理好泛水、檐口、雨水口以及变形缝等部位的细部构造处理。

（1）泛水构造

泛水是指屋面防水层与垂直墙面（女儿墙、烟囱、楼梯间、变形缝、检修孔、立管等）交接处的防水处理。泛水构造如图 6-2-6 所示。泛水构造应注意以下几点。

1）将屋面的卷材防水层继续铺至垂直面上，其上再加铺一层附加卷材，泛水高度不得小于 250mm。

2）屋面与垂直面交接处应将卷材下的砂浆找平层抹成直径不小于 150mm 的圆弧形或 45°斜面。

3）做好泛水上口的卷材收头固定，防止卷材在垂直墙面上下滑。一般做法是墙上凿出通长凹槽，卷材收头压入槽内，用防水压条和水泥钉固定，再用密封材料嵌缝处理，外

泛水构造

抹水泥砂浆保护。

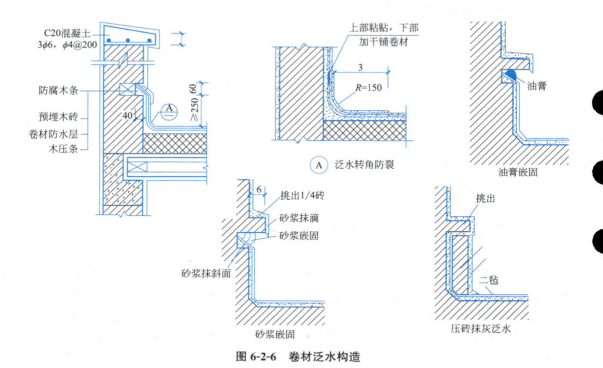

图 6-2-6　卷材泛水构造

挑檐沟构造

（2）挑檐口构造

1）无组织排水挑檐口。构造要点是檐口 800mm 范围内卷材应采取满贴法，在混凝土檐口上用细石混凝土或水泥砂浆先做一凹槽，然后将卷材贴在槽内，将卷材收头用水泥钉钉牢，上面用防水油膏嵌填。

2）有组织排水挑檐口。构造要点是：檐沟内加铺 1～2 层附加卷材；沟内转角部位找平层应做成圆弧形或 45°斜坡；为了防止檐沟壁面上的卷材下滑，通常是在檐沟边缘用水泥钉钉压条，将卷材的收头处压牢固，再用油膏或砂浆盖缝。

挑檐口构造图

（3）雨水口构造

雨水口是用来将屋面雨水排至雨水管而在檐口处或檐沟内开设的洞口。雨水口分为直管式和弯管式两类，直管式适用于中间天沟、挑檐沟和女儿墙内排水天沟；弯管式适用于女儿墙外排水。

直管式雨水口的构造要点是：将各层卷材（包括附加卷材）粘贴在套管内壁上，表面涂防水油膏，用环行筒将卷材压紧，嵌入的深度至少为 100mm。

弯管式雨水口的构造要点是：将屋面防水层及泛水的卷材铺贴到套管内壁四周，铺入深度至少为 100mm，套管口用铸铁箅子遮盖，以防污物堵塞雨水口。

变形缝防水构造

（4）变形缝构造

屋面变形缝有等高屋面和不等高屋面两种形式。等高屋面处的变形缝可采用平缝做法，即缝内填沥青麻丝或泡沫塑料，上部填放衬垫材料，用镀锌钢板盖缝，然后做防水层；也可在缝两侧砌矮墙，将两侧防水层采用泛水方式收头在墙顶，用卷材封盖后，顶部加混凝土盖板或镀锌钢盖板。不等高低屋面变形缝则是在低侧屋面板上砌筑矮墙。当变形缝宽度较小时，可用镀锌铁皮盖缝并固定在高侧墙上，做法同泛水构造；当变形缝宽度较大时，可从高侧墙上悬挑钢筋混凝土板盖缝。

二、涂膜防水屋面

涂膜防水屋面是用防水材料刷在屋面基层上，利用涂料干燥或固化以后的不透水性来达到防水的目的。其优点是不用在屋面板上另铺卷材或混凝土防水层，仅在板缝和板面采取简单的嵌缝和涂膜措施。

1. 材料

（1）涂料

防水涂料的种类很多，根据材料可分为沥青基防水涂料、高聚物改性沥青防水涂料、合成高分子防水涂料。

涂膜防水
屋面构造

（2）胎体增强材料

目前，使用较多的胎体增强材料为 $0.1×6×4$ 或 $0.1×7×7$ 的中性玻璃纤维网格布或中碱玻璃布、聚酯无纺布等。

2. 涂膜防水屋面的构造及做法

涂膜防水屋面的构造层次包括结构层、找坡层、找平层、结合层、防水层和保护层。其中结构层、找坡层、找平层和保护层的做法与柔性防水屋面相同。结合层主要采用与防水层所用涂料相同的材料经稀释后打底，防水层的材料和厚度根据屋面防水等级确定。

涂膜防水屋面的泛水构造与柔性防水屋面基本相同，但屋面与垂直墙面交接处应加铺附加卷材，加强防水。

涂膜防水只能提高构件表面的防水能力，当基层由于温度变形或结构变形而开裂时，也会引起涂膜防水层的破坏，出现渗漏，因此，涂膜防水层在大面积屋面和结构敏感部位，也需要设分格缝。其分格缝的设置要求及细部构造与刚性防水屋面分格缝基本相同。

任务 6.3　坡屋顶的组成及构造

 任务概述

本节内容包括：坡屋顶的组成与特点、坡屋顶的承重结构、坡屋顶的屋面构造。

 学习目标

1. 掌握坡屋顶的组成与特点；
2. 掌握坡屋顶的承重结构类型；
3. 熟悉平瓦屋面构造做法。

任务分组

班级		组号		指导教师	
组长		学号			
组员	姓名	学号	姓名	学号	姓名	学号
任务分工						

工作实施

 坡屋顶的组成
与构造

 坡屋顶的
屋面构造

 瓦屋面的
细部构造

1. 坡屋顶的组成与特点

引导问题 1：坡屋顶是我国传统的建筑形式，主要由＿＿＿＿＿＿、＿＿＿＿＿＿、＿＿＿＿＿＿等部分组成，必要时增设保温层、隔热层等。

引导问题 2：坡屋顶多采用＿＿＿＿＿＿防水。坡屋顶的坡度一般大于＿＿＿＿＿＿。

引导问题 3：根据坡面组织的不同，坡屋顶主要有＿＿＿＿＿＿＿、＿＿＿＿＿＿＿、＿＿＿＿＿＿＿等。

2. 坡屋顶的承重结构

引导问题 4：房间开间不大的建筑，利用砌成山尖形的承重墙搁置檩条，称为＿＿＿＿＿＿＿＿＿＿承重。

引导问题 5：屋架承重结构适用于＿＿＿＿＿＿＿＿的建筑中。

3. 坡屋顶的屋面构造

引导问题 6：平瓦屋面的屋面防水材料为＿＿＿＿＿烧制或水泥砂浆制作的模压成凹凸纹型的平瓦。

引导问题 7：平瓦屋面根据基层的不同有＿＿＿＿＿＿屋面、＿＿＿＿＿＿屋面、＿＿＿＿＿＿＿＿屋面和＿＿＿＿＿＿＿＿＿＿屋面四种做法。

引导问题 8：建筑物屋顶与外墙的顶部交接处称为＿＿＿＿＿＿＿＿。

引导问题 9：高低跨和包檐天沟若采用镀锌铁皮防水层时，应从＿＿＿＿＿＿形成泛水。

评价反馈

1. 学生进行自我评价，并将结果填入表 6-3-1。

学生自评表　　　　　　　　　　　　　　表 6-3-1

班级：	姓名：	学号：		
任务 6.3		坡屋顶的组成及构造		
评价项目		评价标准	分值	得分
坡屋顶的组成与特点		掌握坡屋顶的组成与特点	10	
坡屋顶的承重结构	山墙承重	掌握山墙承重特点及适用	10	
	屋架承重	掌握屋架承重特点及适用	10	
	椽架承重	掌握椽架承重特点及适用	10	
坡屋顶的屋面构造		掌握平瓦坡屋顶的构造做法	20	
屋顶的保温与隔热	屋顶的保温	掌握坡屋顶的保温构造	5	
	屋顶的隔热	掌握坡屋顶的隔热构造	5	
工作态度		态度端正，无无故缺席、迟到、早退现象	10	
工作质量		能按计划完成工作任务	5	
协调能力		与小组成员、同学之间能合作交流、协调工作	5	
职业素质		能做到保护环境、爱护公共设施	5	
创新意识		过本小组工作任务,能说出学校坡屋顶各细部构造的位置及做法	5	
合计			100	

2. 学生以小组为单位，对以上任务进行互评，将结果填入表 6-3-2。

学生互评表　　　　　　　　　　　　　　表 6-3-2

班级：	小组：					
任务 6.3		坡屋顶的组成及构造				
评价项目	分值	评价对象得分				
掌握坡屋顶的组成与特点	10					
掌握山墙承重特点及适用	10					
掌握屋架承重特点及适用	10					
掌握椽架承重特点及适用	10					
掌握平瓦坡屋顶的构造做法	20					
掌握屋顶的保温构造	5					
掌握屋顶的隔热构造	5					
工作态度	10					
工作质量	5					
协调能力	5					
职业素质	5					
创新意识	5					
合计	100					

3. 教师对学生工作过程与结果进行评价，将评价结果填入表 6-3-3。

教师综合评价表   表 6-3-3

班级：	姓名：	学号：		
任务 6.3		坡屋顶的组成及构造		
评价项目		评价标准	分值	得分
坡屋顶的组成与特点		掌握坡屋顶的组成与特点	10	
坡屋顶的承重结构	山墙承重	掌握山墙承重特点及适用	10	
	屋架承重	掌握屋架承重特点及适用	10	
	椽架承重	掌握椽架承重特点及适用	10	
坡屋顶的屋面构造		掌握平瓦坡屋顶的构造做法	20	
屋顶的保温与隔热	屋顶的保温	掌握屋顶的保温构造	5	
	屋顶的隔热	掌握屋顶的隔热构造	5	
工作态度		态度端正，无无故缺席、迟到、早退现象	10	
工作质量		能按计划完成工作任务	5	
协调能力		与小组成员、同学之间能合作交流、协调工作	5	
职业素质		能做到保护环境、爱护公共设施	5	
创新意识		通过本小组工作任务，能说出学校坡屋顶各细部构造的位置及做法	5	
合计			100	
综合评价	自评(20%)	互评(30%)	教师评价(50%)	综合得分

 任务相关知识点

6.3.1 坡屋顶的组成与特点

坡屋顶是我国传统的建筑形式，主要由屋面、承重结构、顶棚等部分组成，必要时增设保温层、隔热层等。屋面的主要作用是防水和围护空间；承重结构主要承受屋面各种荷载并传到墙或柱上，一般有木结构、钢筋混凝土结构、金属结构等。顶棚是屋顶下面的遮盖部分，起遮蔽上部结构构件、使室内平整、改变空间形状及其保温隔热和装饰作用。保温、隔热层起保温隔热作用，可设在屋面层或顶棚层。坡屋顶的形式多种多样，形成丰富多彩的建筑造型。由于坡屋顶坡度较大，雨水容易排除、屋面材料可以就地取材、施工简单、易于维修，在普通中小型民用和工业建筑中使用较多。

坡屋顶多采用瓦材防水，而瓦材块小，接缝多，易渗漏，故坡屋顶的坡度一般大于10°，通常取 30° 左右。根据坡面组织的不同，坡顶形式主要有单坡、双坡及四坡等，如图 6-3-1 所示。

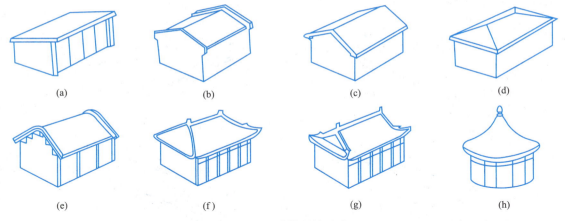

图 6-3-1 坡屋顶的形式

(a) 单坡顶；(b) 硬山双坡顶；(c) 悬山双坡顶；(d) 四坡顶；(e) 卷棚顶；(f) 庑殿顶；(g) 歇山顶；(h) 圆攒尖顶

6.3.2 坡屋顶的承重结构

坡屋顶的承重结构主要有山墙承重、屋架承重和椽架承重等方案。

1. 山墙承重

房间开间不大的建筑，利用砌成山尖形的承重墙搁置檩条，称为"山墙承重"或"硬山架檩"。常用檩条有木檩条、钢筋混凝土檩条等。木檩条有矩形和圆形两种；钢筋混凝土檩条有矩形、L形、T形等。檩条的断面尺寸应根据材料、跨度、间距和荷载计算确定。

2. 屋架承重

房间开间较大、不能用山墙承重的建筑，需设置屋架以支承檩条。屋架由杆件组成，为平面结构，可用木材、钢筋混凝土、预应力混凝土或钢材制作，也可用两种以上材料组合制作。屋架有三角形、拱形、多边形等，以三角形为多。屋架的间距一般与房屋开间尺寸相同，通常为 3~4.5m。屋架承重结构适用于有较大空间的建筑中。

3. 椽架承重

用密排的人字形椽条制成的支架，支在纵向的承重墙上，上面铺木望板或直接钉挂瓦条。椽架的一般间距为 40~120cm，椽架的人字形椽条之间设有横向拉杆。

6.3.3 坡屋顶的屋面构造

坡屋顶常用瓦材作为防水层。在有檩体系中，瓦通常铺设在由檩条、屋面板、挂瓦条等组成的基层上；无檩体系的瓦屋面基层则由各类钢筋混凝土板构成。我国目前采用的有平瓦、油毡瓦、装饰瓦、波形瓦、金属板材。

平瓦屋面的屋面防水材料为黏土烧制或水泥砂浆制作的模压成凹凸纹型的平瓦。瓦的外形尺寸一般为 400mm×230mm×15mm，瓦背有挂钩，可以挂在挂瓦条上，如图 6-3-2 所示。铺放时上下左右均需搭接。这种屋面建造方便，在民用建筑中应用广泛，缺点是瓦的尺寸小，接缝多，容易渗水漏水。

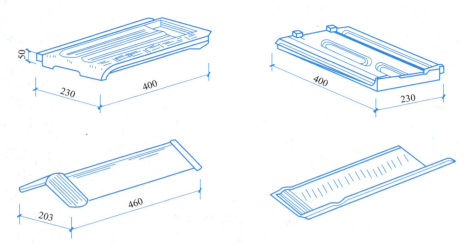

图 6-3-2　平瓦

1. 平瓦屋面的构造

平瓦屋面根据基层的不同有冷摊瓦屋面、木望板平瓦屋面、挂瓦板平瓦屋面和钢筋混凝土板瓦屋面四种做法。

（1）冷摊瓦屋面。是在檩条上钉固椽条，然后在椽条上钉挂瓦条并直接挂瓦。这种做法构造简单，但雨雪易从瓦缝中飘入室内，常用于南方地区质量要求不高的建筑，如图 6-3-3 所示。

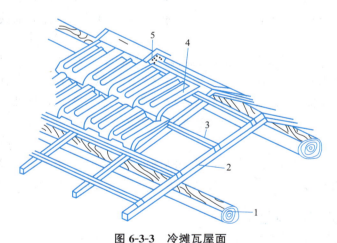

图 6-3-3　冷摊瓦屋面

1—檩条；2—椽条；3—挂瓦条；4—平瓦；5—脊瓦

（2）木望板平瓦屋面。是在檩条上铺钉 15～20mm 厚的木望板（亦称屋面板），望板可采取密铺法或稀铺法，在望板上平行于屋脊方向干铺一层油毡，在油毡上顺着屋面水流方向钉 10mm×30mm、中距 500mm 的顺水条，随后在顺水条上面平行于屋脊方向钉挂瓦条并挂瓦，挂瓦条的断面和间距与冷摊瓦屋面相同。这种做法比冷摊瓦屋面的防水、保温隔热效果好，但耗用木材多、造价高，多用于质量要求较高的建筑物中。

（3）挂瓦板平瓦屋面。挂瓦板是把檩条、屋面板、挂瓦板几个功能结合为一体的预制钢筋混凝土构件。基本形式有双 T、单 T 和 F 形三种。肋距同挂瓦条间距，肋高按跨度计算。挂瓦板与山墙或屋架的固定，可采用坐浆，用预埋于基层的钢筋套接。屋面板直接挂在挂瓦板的肋间，板肋根部预留泄水孔，以便排除由瓦面渗漏下的雨水。板缝一般用 1∶3 水泥砂浆嵌填。这种屋顶构造简单，省工省料，造价经济，因易渗水，多用于标准要求不高的建筑中。

（4）钢筋混凝土板瓦屋面。瓦屋面由于保温、防火或造型等的需要，可将钢筋混凝土板作为瓦屋面的基层盖瓦。盖瓦的方式有两种：一种是在找平层上铺油毡一层，用压毡条钉在嵌在板缝内的木楔上，再钉挂瓦条挂瓦；另一种是在屋面板上直接粉刷防水水泥砂浆并贴瓦或陶瓷面砖或平瓦。在仿古建筑中也常常采用钢筋混凝土板瓦屋面，如图 6-3-4 所示。

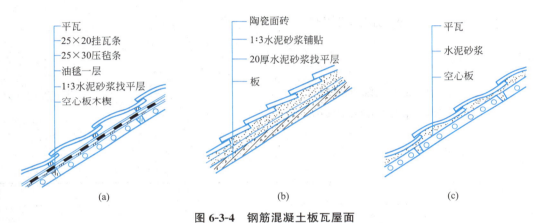

图 6-3-4　钢筋混凝土板瓦屋面

（a）木条挂瓦；（b）砂浆贴面砖；（c）砂浆贴瓦

2. 平瓦屋面的细部构造

（1）檐口构造

建筑物屋顶与外墙的顶部交接处称为檐口。檐口分为纵墙檐口和山墙檐口。

1）纵墙檐口。纵墙檐口根据造型要求可做成挑檐或封檐。

2）山墙檐口。按屋顶形式又分为硬山与悬山两种。

硬山檐口构造是将山墙升起包住檐口，女儿墙与屋面交接处应做泛水处理。女儿墙顶应作压顶板，以保护泛水；悬山屋顶的山墙檐口构造是先将檩条外挑形成悬山，檩条端部钉木封檐板，沿山墙挑檐的一行瓦，应用 1∶2.5 的水泥砂浆做出拨水线，将瓦封固。

（2）天沟和斜沟构造

等高跨或高低跨相交处，常常出现天沟，而两个相互垂直的屋面相交处则形成斜沟。沟应有足够的断面面积，上口宽度不宜小于 300～500mm，一般用镀锌铁皮铺于木基层上，镀锌铁皮伸入瓦片下面至少 150mm。高低跨和包檐天沟若采用镀锌铁皮防水层时，应从天沟内延伸至立墙（女儿墙）上形成泛水。

3. 压型钢板屋面构造

彩色压型钢板屋面简称彩板屋面，压型钢板是将镀锌钢板轧制成型，表面涂刷防腐涂层或彩色烤漆而得的屋面材料。近十多年来，这种在大跨度建筑中广泛采用的高效能屋面，不仅自重轻强度高，而且施工安装方便。彩板的连接主要采用螺栓连接，不受季节气候影响。彩板色彩绚丽，质感好，大大增强了建筑的艺术效果。彩板除用于平直坡面的屋顶外，还可根据造型与结构的形式需要，在曲面屋顶上使用。

任务 6.4 屋顶的保温与隔热

 任务概述

本节内容包括：屋顶的保温与隔热。

 学习目标

1. 掌握平屋顶的保温与隔热构造；
2. 熟悉坡屋顶的保温与隔热构造。

 任务分组

班级		组号		指导教师	
组长		学号			
组员	姓名	学号	姓名	学号	姓名	学号
任务分工						

 工作实施

平屋顶的
保温

坡屋顶的
保温

屋顶的隔热

屋顶的保温与隔热

引导问题1：目前常用的保温材料主要有_____、_____、_____三类。

引导问题2：保温层设在结构层之上，防水层之下，称为_____保温，这种形式构造简单，施工方便。

引导问题3：_____设于屋面防水层上，一方面利用架空的面层遮挡直射阳光，另一方面架空层内被加热的空气与室外冷空气产生对流，将层内的热量源源不断地排走。

🔄 **评价反馈**

1. 学生进行自我评价，并将结果填入表 6-4-1。

学生自评表 表 6-4-1

班级：　　　姓名：　　　学号：			
任务 6.4	屋顶的保温与隔热		
评价项目	评价标准	分值	得分
屋顶的保温构造	掌握屋顶的保温构造	20	
屋顶的隔热　平屋顶的隔热	熟悉平屋顶的隔热措施	15	
坡屋顶的隔热	熟悉坡屋顶的隔热措施	15	
工作态度	态度端正，无无故缺席、迟到、早退现象	10	
工作质量	能按计划完成工作任务	10	
协调能力	与小组成员、同学之间能合作交流、协调工作	10	
职业素质	能做到保护环境、爱护公共设施	10	
创新意识	通过本小组工作任务，能说出学校屋顶的保温构造与隔热措施	10	
合计		100	

2. 学生以小组为单位，对以上任务进行互评，将结果填入表 6-4-2。

学生互评表 表 6-4-2

班级：　　　小组：						
任务 6.4		屋顶的保温与隔热				
评价项目	分值	评价对象得分				
掌握屋顶的保温构造	20					
熟悉平屋顶的隔热措施	15					
熟悉坡屋顶的隔热措施	15					
工作态度	10					
工作质量	10					
协调能力	10					
职业素质	10					
创新意识	10					
合计	100					

3. 教师对学生工作过程与结果进行评价，将评价结果填入表 6-4-3。

教师综合评价表　　　　　　　　　　　　表 6-4-3

班级：　　　姓名：　　　学号：				
任务 6.4		屋顶的保温与隔热		
评价项目		评价标准	分值	得分
屋顶的保温构造		掌握屋顶保温构造	20	
屋顶的隔热	平屋顶的隔热	熟悉平屋顶的隔热措施	15	
	坡屋顶的隔热	熟悉坡屋顶的隔热措施	15	
工作态度		态度端正，无无故缺席、迟到、早退现象	10	
工作质量		能按计划完成工作任务	10	
协调能力		与小组成员、同学之间能合作交流、协调工作	10	
职业素质		能做到保护环境、爱护公共设施	10	
创新意识		通过本小组工作任务，能说出学校屋顶的保温构造与隔热措施	10	
合计			100	

 任务相关知识点

我国各地区气候差异很大，北方地区冬天寒冷，南方地区夏天炎热，因此北方地区需加强保温措施，南方地区则需加强隔热措施。

1. 屋顶的保温

（1）保温材料

保温材料要求密度小、孔隙多、导热系数小。目前常用的主要有松散保温材料、整体保温材料、板状保温材料三类。

倒置式屋面层次示意图

正置式屋面层次示意图

（2）平屋顶的保温构造

平屋顶根据结构层、防水层和保温层所处的位置不同，保温层做法可分为正置式屋面和倒置式屋面。保温层设在结构层之上，防水层之下，称为正铺法保温（正置式屋面），这种形式构造简单，施工方便；保温层设在防水层之上，称为倒铺法保温（倒置式屋面），可以保护防水层不受阳光辐射和剧烈气候变化的直接影响，不宜受外来机械损伤。

在严寒及寒冷地区，为阻挡室内蒸汽或湿气透过结构层进入保温层，在结构层上、保温层下设置隔汽层。

在混凝土结构屋面保温层干燥有困难时，应采取排汽措施。排汽道设置在保温层内，排汽道应纵横贯通，并与大气连通的排汽管相通，排汽管可设在檐口下或屋面排汽道的交叉处。排汽道纵横间距 6m，屋面面积每 36m² 设一个排汽管。排汽管应固定牢靠，并做好防水处理。

（3）坡屋顶的保温构造

坡屋顶保温有屋面保温和顶棚保温两种。当采用屋面保温时，在平瓦屋面中，可将保温材料填塞在檩条之间；当采用顶棚保温时，常将保温层铺设在顶棚上面，可以收到隔热、保温的双重功效。

2. 屋顶的隔热

（1）平屋顶隔热

1）屋顶通风隔热

① 架空通风隔热。架空通风隔热间层设于屋面防水层上，其隔热原理是：一方面利用架空的面层遮挡直射阳光，另一方面架空层内被加热的空气与室外冷空气产生对流，将层内的热量源源不断地排走。架空通风层通常用砖、瓦、混凝土等材料及制品制作。

② 顶棚通风隔热。利用顶棚与屋顶之间的空间作隔热层。顶棚通风隔热层设计应注意满足下列要求：必须设置一定数量的通风孔，顶棚通风层应有足够的净空高度，仅作通风隔热用的空间净高一般为 500mm 左右；通风孔须考虑防止雨水飘进；应注意解决屋面防水层的保护问题。

2）种植隔热

在平屋顶上种植植物，借助栽培介质隔热及植物吸收阳光进行光合作用和遮挡阳光的双重功效来达到降温隔热的目的。一般种植隔热屋面是在屋面防水层上直接铺填种植介质，栽培植物。

3）蓄水隔热

蓄水隔热屋顶利用屋顶的蓄水层来达到隔热的目的。蓄水屋面构造增加了蓄水分仓壁、溢水孔、泄水孔和过水孔。

4）蓄水种植隔热

蓄水种植隔热屋面是将一般种植屋面与蓄水屋面结合起来。

5）反射降温

对屋面面层进行浅色处理，减少太阳辐射对屋面的作用，降低屋面表面温度，达到改善屋面隔热效果的目的。

（2）坡屋顶隔热

图 6-4-1 为几种通风屋顶的示意图，其中图 6-4-1（a）在平顶上设进气口，屋面上通风窗做排气口，造成空气对流，通风窗可做成多种形式；图 6-4-1（b）檐墙自平顶以上做成开敞式作为进气口，通风屋脊为排气口，形成空气对流；图 6-4-1（c）进气口设在挑檐平顶上，排气口设在屋脊上，增大高差以获得热压，加强通风。

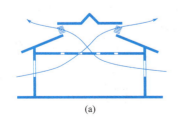 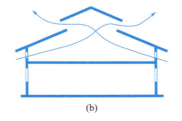 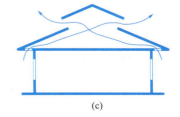

(a)　　　　　　　　　　(b)　　　　　　　　　　(c)

图 6-4-1　坡屋顶通风隔热示意图

炎热地区在坡屋顶中设进气口和排气口，利用屋顶内外的热压差和迎风面的压力差，组织空气对流，形成屋顶内的自然通风，以减少由屋顶传入室内的辐射热，从而达到隔热降温的目的。

模块**7**

门和窗

任务 7.1 门窗的分类及尺度要求

 任务概述

本节内容包括：门窗的设计要求，门窗的构件组成，门窗的分类。

 学习目标

1. 掌握门窗的设计要求；
2. 熟悉门窗的构件组成；
3. 熟悉门窗的分类。

 任务分组

班级		组号		指导教师		
组长		学号				
组员	姓名	学号	姓名	学号	姓名	学号
任务分工						

 工作实施

门窗的设计
要求

门窗的构件
组成

门窗的分类

1. 门窗的设计要求

引导问题 1：通常外门窗侧重_____和_____需求，内门窗重点是满足_____与_____等方面的需求。

引导问题 2：特种门窗还需要根据功能需求满足特定的指标：如_____、防火、密闭、防爆、_____、_____等。

引导问题 3：除一般的使用需求外，门窗还应满足_____、_____等方面的需求。

引导问题 4：在建筑设计时，应根据实际的需求采用合适的_____手段，尽量_____门窗的规格，降低门窗生产制作成本。

2. 门窗的构件组成

引导问题 5：门窗的基本组成包括_____、_____、门窗五金和门窗装饰附件等部分。

引导问题 6：门窗框是在墙体上固定且用于安装门窗的结构构件，根据不同位置与特殊要求可以分为_____框（槛）、_____框、_____框、附框等。

引导问题 7：门窗扇是门窗的主体部分，满足门窗的主要使用功能，包括开启、_____、_____、防护等。

引导问题 8：门窗五金应具有_____、耐用、灵活、_____、美观等特性。

3. 门窗的分类

引导问题 9：建筑门窗可以按照功能类型、安放位置、开启方式和材料构成等不同角度展开分类，但是门窗的一般构造分类可以依据其_____和_____两个方面进行。

引导问题 10：_____门窗是目前民用建筑市场应用最普遍的类型。以聚氯乙烯（UP-VC）树脂为主要原料。

引导问题 11：门按开启方式主要有_____、_____、_____、_____和_____。

引导问题 12：窗按开启方式主要有_____、_____、_____、_____、_____、_____和_____。

🔄 **评价反馈**

1. 学生进行自我评价，并将结果填入表 7-1-1。

学生自评表　　　　　　　　　　　表 7-1-1

班级：　　　姓名：　　　　学号：				
任务 7.1		门窗的分类及尺度要求		
评价项目		评价标准	分值	得分
门窗的设计要求	门窗设计要求	掌握门窗设计要求	10	
门窗的构件组成	门窗	熟悉门窗的基本组成	10	
	门窗框	掌握门窗框的分类和功能	10	
	门窗扇	掌握门窗扇的分类和功能	10	
	门窗五金	掌握门窗五金的分类和功能	5	
	门窗装饰	掌握门窗装饰的基本内容	5	
门窗的分类	按材料分类	掌握门窗材料类别	10	
	按开启方式分类	掌握门窗的开启方式类别	10	
工作态度		态度端正，无无故缺席、迟到、早退现象	10	
工作质量		能按计划完成工作任务	5	
协调能力		与小组成员、同学之间能合作交流、协调工作	5	
职业素质		能做到保护环境、爱护公共设施	5	
创新意识		能通过本小组工作任务，判断学校建筑门窗的基本类型	5	
合计			100	

2. 学生以小组为单位，对以上任务进行互评，将结果填入表 7-1-2。

学生互评表

表 7-1-2

班级： 小组：

任务 7.1		门窗的分类及尺度要求			
评价项目	分值	评价对象得分			
掌握门窗设计要求	10				
熟悉门窗的基本组成	10				
掌握门窗框的分类和功能	10				
掌握门窗扇的分类和功能	10				
掌握门窗五金的分类和功能	5				
掌握门窗装饰的基本内容	5				
掌握门窗材料类别	10				
掌握门窗的开启方式类别	10				
工作态度	10				
工作质量	5				
协调能力	5				
职业素质	5				
创新意识	5				
合计	100				

3. 教师对学生工作过程与结果进行评价，将评价结果填入表 7-1-3。

教师综合评价表

表 7-1-3

班级： 姓名： 学号：

任务 7.1		门窗的分类及尺度要求		
评价项目		评价标准	分值	得分
门窗的设计要求	门窗设计要求	掌握门窗设计要求	10	
门窗的构件组成	门窗	熟悉门窗的基本组成	10	
	门窗框	掌握门窗框的分类和功能	10	
	门窗扇	掌握门窗扇的分类和功能	10	
	门窗五金	掌握门窗五金的分类和功能	5	
	门窗装饰	掌握门窗装饰的基本内容	5	
门窗的分类	按材料分类	掌握门窗材料类别	10	
	按开启方式分类	掌握门窗的开启方式类别	10	
工作态度		态度端正,无无故缺席、迟到、早退现象	10	
工作质量		能按计划完成工作任务	5	
协调能力		与小组成员、同学之间能合作交流、协调工作	5	
职业素质		能做到保护环境、爱护公共设施	5	
创新意识		能通过本小组工作任务,判断学校建筑门窗的基本类型	5	
合计			100	
综合评价	自评(20%)	互评(30%)	教师评价(50%)	综合得分

 **任务相关知识点**

7.1.1 门窗的设计要求

门窗根据使用位置及功能需求可以分为多种类型，其设计要求也比较灵活多样。通常外门窗侧重围护和安全需求，内门窗重点是满足分隔与安全等方面的需求。门窗的构造设计要求，主要包括以下几个方面：

1）防风雨、保温、隔声。

2）开启灵活、关闭紧密。

3）便于擦洗和维修方便。

4）坚固耐用、耐腐蚀。

除此之外，特种门窗还需要根据功能需求满足特定的指标：如防盗报警、防火、密闭、防爆、防弹、防辐射等。

除一般的使用需求外，门窗还应满足施工、生产等方面的需求。最有代表性的是工业化生产使门窗可以最大限度地节约劳动成本，提高劳动效率，也容易保证施工的安全。因而在建筑设计时，应根据实际的需求采用合适的立面设计手段，尽量统一门窗的规格，降低门窗生产制作成本。同时，控制外墙的窗墙面积比是实现建筑节能的有效手段。

7.1.2 门窗的构件组成

门窗的基本组成包括门窗框、门窗扇、门窗五金和门窗装饰附件等部分。

门窗框是在墙体上固定且用于安装门窗的结构构件，根据不同位置与特殊要求可以分为上下框（槛）、边框、中横框、附框等。

门窗扇是门窗的主体部分，满足门窗的主要使用功能，包括开启、通风、采光、防护等。门窗扇一般分为开启（窗）扇与固定（窗）扇两大类。

门窗五金泛指在门窗上使用一切配件。门窗五金件可按用途分为锁具、执手、开启配件、支撑构件、其他附件等，如建筑门锁、执手、拉手、撑挡、铁角、合页、铰链、弹簧、闭门器、插销、窗钩、铰链、防盗链、感应启闭门装置等。门窗五金应具有坚固、耐用、灵活、经济、美观等特性。

门窗装饰包括围绕门窗配设的各种类型的附加装饰构造措施，包括包口、门头、窗台板、窗帘盒等。

7.1.3 门窗的分类

建筑门窗可以按照功能类型、安放位置、开启方式和材料构成等不同角度展开分类，但是门窗的一般构造分类可以依据其材料和开启方式两个方面进行。

1. 按材料划分

大量民用建筑的门窗根据其框扇采用的材料，一般可以分为木质、塑料、金属和其他材料门窗。

（1）木门窗。木门窗是传统的窗门构件。木材具有选材多样、保温性能优、制作修理方便、绿色可再生的特点，迄今仍是各种档次门窗中的最佳选择。然而木材生长周期与需求之间的矛盾制约了其在大量性民用建筑中的应用，木门窗骨架断面较大，实木易变形，其防火、防腐等方面的处理也限制了木质门窗的应用领域。在国内，实木、铝包木等门窗大多应用在高档门窗装修改造中。

（2）塑料门窗。塑料门窗是目前民用建筑市场应用最普遍的类型。以聚氯乙烯（UP-VC）树脂为主要原料，加上一定比例的稳定剂、着色剂、填充剂、紫外线吸收剂等，通过挤出制成型材，然后采用切割、焊接或螺接等加工方式制成门窗框扇，配装上密封胶条、毛条、五金件等，同时为增强型材的刚性，超过一定长度的型材空腔内需要填加钢衬（加强筋），这样制成的门窗，称为塑料门窗，又称之为塑钢门窗。塑料门窗具有价格适当、热工性能良好、安装灵活方便等优点，在过去的三十年中，伴随塑料门窗材料与工艺的研发，其耐久性、结构强度、气密性及工业化程度均获得显著提高，市场占有率先后超过金属门窗、木质门窗，得到行业与用户的认可。

（3）金属门窗。金属门窗包括钢制门窗和合金材质门窗。钢制门窗应用于工业与民用建筑有着悠久的历史，其结构强度高，工业化程度高。然而，钢门窗的热工与防腐蚀问题处理比较复杂，目前市场上主要应用在各类特种门窗中。

铝合金门窗与塑料门窗同时进入民用建筑市场，因其色泽鲜亮、结构强度高、断面小、门窗通透性好、耐久性与耐腐蚀性高等优势深受用户喜爱。但是，其热工性能差、材料来源不足及政策限制等问题，逐渐使其市场表现落后于塑料门窗。其他合金材料门窗大多在于轻质和耐久性方面，多用于室内门窗。近些年，断桥等工艺的发展使得铝合金门窗、彩钢门窗在公共建筑项目中有较大发展空间。

（4）其他材料门窗。是指工程中采用的，不属于上述材料分类的特殊材料门窗，如玻璃、聚碳酸酯板、钢筋混凝土等可直接作为门窗构件，应用于建筑围护结构及内部分隔部位。

2. 按开启方式划分

（1）门按开启方式分类。门的开启方式主要是由使用要求决定的，按开启方式，门通常分为：

1）平开门（图7-1-1a）。平开门是最常使用的门，有单扇、双扇、多扇之分，可外开或向内开启。平开门的特点是适用范围广、构造简单、操作简便。

2）弹簧门（图7-1-1b）。弹簧门与平开门类似，其连接五金采用弹簧铰链或地弹簧，构造简单、开启灵活，且开启后能自动关闭，适用于人流出入较频繁或有自动关闭要求的场所。

3）推拉门（图7-1-1c）。推拉门开启时所占空间较少，但五金零件较复杂，门导轨可位于门洞上方或地面，适用于各类民用及工业建筑非疏散用出入口。

4）折叠门（图7-1-1d）。折叠门由多个子扇连接构成，开启时占用空间少，适用于各种较大洞口。

5）转门（图 7-1-1e）。转门一般为三叶或四叶门扇连成风车形，在两个固定弧形门套内旋转的门。现代电动转门也做成内设推拉门的双叶模式。转门对防止内外空气的对流有一定的作用，可作为公共建筑及有空气调节房屋的外门，转门必须配合平开门使用。

其他还有卷帘门、上翻门、升降门等（图 7-1-1f、g），一般适用于需要较大活动空间的场所，如车间、车库及某些公共建筑。

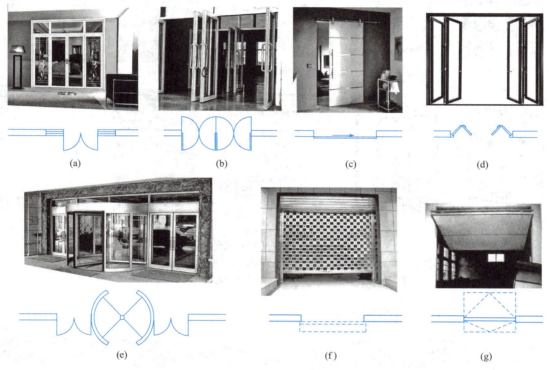

图 7-1-1　门按开启方式分类

（a）平开门；（b）弹簧门；（c）推拉门；（d）折叠门；（e）转门；（f）卷帘门；（g）上翻门

（2）窗按开启方式分类

1）固定窗（图 7-1-2a）。窗扇不开启，将玻璃直接安装在窗框上，作用是采光、照明。

2）平开窗（图 7-1-2b）。将窗扇用铰链固定在窗框侧边，有外开、内开之分。平开窗构造简单、制作方便、开启灵活，广泛应用于各类建筑中。

3）悬窗。按窗的开启方式不同，分为三种：上悬式窗轴位于窗扇上方，外开时防雨好，但通风较差，如图 7-1-2（c）所示；中悬式构造简单，制作方便，通风较好，多用于厂房侧窗，如图 7-1-2（d）所示；下悬式防雨效果略差，开启时占用室内空间，所以实际开启面积受限，如图 7-1-2（e）所示。

4）立转窗（图 7-1-2f）。有利于通风与采光，防雨及封闭性较差，多用于有特殊要求的房间。

5）推拉窗（图 7-1-2g、h），分为垂直推拉和水平推拉两种，开启时不占室内外空间，窗扇可较平开窗扇大，有利于照明和采光，尤其适用于铝合金及塑钢窗。

6）百叶窗（图7-1-2i）。具有遮阳、防雨、通风等多种功能，但采光较差。

7）可变开启窗（图7-1-2j）。可满足两种以上开启方式的窗，如下悬平开窗等。

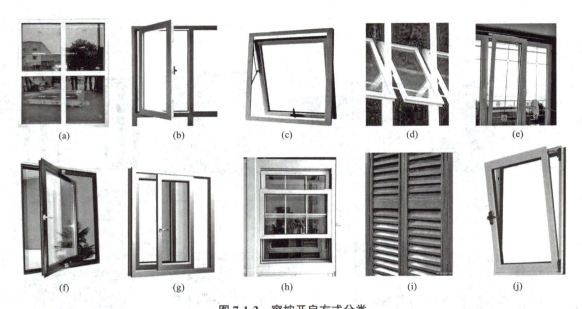

图 7-1-2　窗按开启方式分类

(a) 固定窗；(b) 平开窗；(c) 上悬窗；(d) 中悬窗；(e) 下悬窗；
(f) 立转窗；(g)、(h) 推拉窗；(i) 百叶窗；(j) 下悬平开窗

任务 7.2　门窗的构造及安装

 任务概述

本节内容包括：门窗框构造，门扇构造，窗扇构造、门窗装饰构造。

 学习目标

1. 掌握门窗框构造；
2. 掌握门扇构造；
3. 掌握窗扇构造。
4. 了解门窗装饰构造。

👥 任务分组

班级		组号		指导教师	
组长		学号			
组员	姓名	学号	姓名	学号	姓名	学号
任务分工					

🌐 工作实施

1. 门窗的构件组成

引导问题 1：门窗主要由_____和_____组成。

引导问题 2：按照对其固定方法的不同，门窗框可分为_____和_____两种施工形式。

引导问题 3：立口，是当墙体砌至门窗_____高度时，先把门窗框支立在设计位置，用撑杆加以_____固定，然后继续砌墙，并把门窗框上的_____砌入墙体内，以实现门窗框在墙体上固定的方法。

2. 门扇构造

引导问题 4：镶板门是传统木门形式，主要由门_____和_____组成骨架，框格内镶嵌门芯板或_____。

引导问题 5：夹板门的特点是：用料_____、重量_____、表面整洁美观、经济，框格内如果嵌填一些_____材料，能起到较好的保温、隔声效果。

3. 窗扇构造

引导问题 6：木窗的构成主要包括窗_____、_____、_____（纱网）、五金配件等。

引导问题 7：铝合金门窗多用_____式开启，而推拉式门窗的_____性较差；平开式铝合金玻璃门多采用_____与门的_____连接，但框料需加强。

引导问题 8：塑钢门窗的所有缝隙都嵌有_____或橡胶密封条及_____，具有良好的气密性和水密性。

4. 装饰构造

引导问题 9：_____是在门洞四周所钉的木板，其作用是掩盖门框与墙的接缝，也是由墙到门的过渡。

引导问题 10：_____有两种形式：一种是房间有吊顶，窗帘盒应隐蔽在吊顶内，在做吊顶时一同完成；另一种是房间没有吊顶，窗帘盒固定在墙上，与窗框套成为一个整体。

门窗构造　门扇构造　窗扇构造

 评价反馈

1. 学生进行自我评价，并将结果填入表7-2-1。

学生自评表 表 7-2-1

班级：	姓名：	学号：			
任务 7.2		门窗的构造及安装			
评价项目		评价标准		分值	得分
门窗框构造	门窗框构造	掌握门窗框构造		10	
	门窗框施工	掌握门窗框施工形式		10	
门扇构造	木门构造	掌握木门构造与施工形式		10	
	金属门构造	熟悉金属门构造与施工形式		10	
	其他材料门扇构造	了解其他材料门扇构造与施工形式		5	
窗扇构造	木窗构造	掌握木窗构造与施工形式		10	
	钢窗构造	熟悉钢窗构造与施工形式		5	
	铝合金、塑料窗构造	了解铝合金、塑料窗构造		5	
装饰构造	装饰性附件	了解贴脸板、筒子板、窗帘盒等构造与施工		5	
工作态度		态度端正，无无故缺席、迟到、早退现象		10	
工作质量		能按计划完成工作任务		5	
协调能力		与小组成员、同学之间能合作交流、协调工作		5	
职业素质		能做到保护环境、爱护公共设施		5	
创新意识		能通过本小组工作任务，判断学校建筑门窗的构造		5	
合计				100	

2. 学生以小组为单位，对以上任务进行互评，将结果填入表7-2-2。

学生互评表 表 7-2-2

班级：	小组：					
任务 7.2		门窗的构造及安装				
评价项目	分值	评价对象得分				
了解门窗框的构造与施工	20					
掌握门扇的构造与施工	25					
掌握窗扇的构造与施工	20					
熟悉门窗装饰构造	5					
工作态度	10					
工作质量	5					
协调能力	5					

职业素质	5					
创新意识	5					
合计	100					

3. 教师对学生工作过程与结果进行评价，将评价结果填入表7-2-3。

教师综合评价表　　　　　　　　　　　　表 7-2-3

班级：	姓名：	学号：			
任务 7.2		门窗的构造及安装			
评价项目		评价标准		分值	得分
门窗框构造	门窗框构造	掌握门窗框构造		10	
	门窗框施工	掌握门窗框施工形式		10	
门扇构造	木门构造	掌握木门构造与施工形式		10	
	金属门构造	熟悉金属门构造与施工形式		10	
	其他材料门扇构造	了解其他材料门扇构造与施工形式		5	
窗扇构造	木窗构造	掌握木窗构造与施工形式		10	
	钢窗构造	熟悉钢窗构造与施工形式		5	
	铝合金、塑料窗构造	了解铝合金、塑料窗构造		5	
装饰构造	装饰性附件	了解贴脸板、筒子板、窗帘盒等构造与施工		5	
工作态度		态度端正，无无故缺席、迟到、早退现象		10	
工作质量		能按计划完成工作任务		5	
协调能力		与小组成员、同学之间能合作交流、协调工作		5	
职业素质		能做到保护环境、爱护公共设施		5	
创新意识		能通过本小组工作任务，判断学校建筑门窗的构造		5	
合计				100	
综合评价	自评（20%）	互评（30%）	教师评价（50%）	综合得分	

 任务相关知识点

门窗主要由门窗框和门窗扇组成。为了在门窗扇和门窗框之间开启，采用各种铰链、风钩、插销、拉手以及导轨、滑轮等五金零件连接。门窗框由上框、下框（门槛）、中横框、边框、中竖框等部件组成，门窗扇由上梃、下梃、边梃、门窗芯（板）及玻璃等组成，如图 7-2-1 所示。

7.2.1　门窗框构造

门窗框选材与门窗的主材一致。根据其在墙体中位置的不同，主要有门窗框对中和门

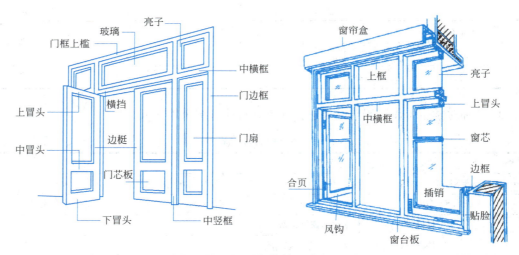

图 7-2-1　门窗的组成

窗框侧平两种形式。当门窗侧平时，一般需结合贴脸板等装饰。在门窗框的安装中要保证门窗框的垂直度和上框的水平，并应保持其加工精度。门窗靠墙壁侧面及预埋的木砖铁脚等要进行防腐处理。

　　根据门窗扇尺寸的大小及层数不同，一般门窗框的断面尺寸有较大差异。木质门窗框与墙或混凝土接触的部分应满涂防腐油；为使抹灰与门框嵌牢，门框需设灰口，抹灰必须嵌入灰口中；为了防止弯曲开裂，常于背年轮方向，开浅槽一道或二道。金属及塑钢窗采用的门窗框均为成品，主要考虑耐久性、刚度及防腐问题。

　　在外墙上，内开窗下口与外开窗上口的窗框构造特点使其很容易让雨水渗入，不同材质的门窗框都需要予以专门处理。

　　按照对其固定方法的不同，门窗框可分为立口和塞口两种施工形式。

　　1）立口，是当墙体砌至门窗设计高度时，先把门窗框支立在设计位置，用撑杆加以临时固定，然后继续砌墙，并把门窗框上的木拉砖砌入墙体内，以实现门窗框在墙体上固定的方法。在内隔墙上安装门窗时，常采用立口施工，利用门窗框支撑墙体，门窗框上下横框出羊角加强连接稳定。

　　2）塞口，是在砌墙时按设计门窗洞口尺寸留好洞口，洞口须预留 20～30mm，并按要求每隔 500～700mm 砌入木砖、混凝土等埋件，安装木质门窗框时，把门窗框塞入洞口，先用木楔、钢钉初步固定，然后填充弹性材料，再用水泥砂浆嵌实以实现门框在墙体固定的方法。

门窗安装

7.2.2　门扇构造

　　门的主要功能是满足通行疏散需求，在门扇的宽度和其他辅助功能方面需要自身坚固耐久来给予保障。常见门扇的材料包括木材、金属、玻璃、塑钢、钢筋混凝土等。

　　1. 木门构造

　　常见木门扇包括镶板门和夹板门两大类，此外还有弹簧门、实拼门等类型。

（1）镶板门。镶板门是传统木门形式，主要由门边梃和横梃组成骨架，框格内镶嵌门芯板或玻璃。镶板门构造简单，加工制作方便，广泛应用于民用建筑的内外门。

镶板门的门边梃用料应充分考虑门扇尺寸以防止变形，同时还应考虑到五金件的安装需求，一般厚度为 40～45mm，宽度为 100～120mm。镶板门下梃为防止变形，可增大至 160～250mm。为安装门芯板，门边梃与横梃均设置对应的铲口或凹槽，特殊部位的门扇还需要考虑封闭或避免碰撞处理。

门芯板一般为 10～25mm 厚的实木板拼接而成，常见的断面形式为中间凸出，四边收薄。门芯板的拼接一般采用 4 种拼缝方式：平缝、暗键拼缝、错口缝、企口缝（图 7-2-2）。

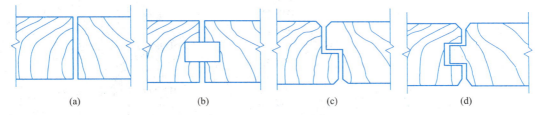

图 7-2-2　门芯板拼缝连接

（a）平缝；（b）暗键拼缝；（c）错口缝；（d）企口缝

镶板门的门芯板的安装可以分为暗槽、单槽压边和双边压条三种镶嵌方式，如图 7-2-3 所示。其中，暗槽结合最牢，工程中用得较多，其他两种方法比较省料和简单，多用于玻璃、纱网及百叶的安装。也可以部分或全部换成其他材料，即成为百叶门、玻璃门、纱门等。玻璃门可以整块镶嵌在门格中，也可以替换（上半）部分门芯板，构造上基本相同。镶板门构造如图 7-2-4 所示。

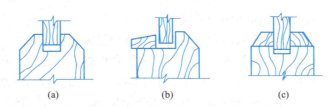

图 7-2-3　门芯板的镶嵌

（a）暗槽；（b）单槽压边；（c）双边压条

（2）夹板门。夹板门由中间轻型骨架组成框格，再于外表铺贴面板。夹板门的骨架用料较小，外框用料一般为 3535mm×（50～70）mm，比较经济，当遇到门锁等五金件增加要求时，可以通过局部加宽、加料满足。

夹板门的面板一般采用胶合板、硬质纤维板或塑料板，这些面板不宜暴露于室外，因此夹板门不宜用于外门。面板应与外框平齐，因为开关门、碰撞等容易碰坏面板，也可以采硬木条嵌边或木线镶边等措施保护面板。

夹板门的特点是：用料省、重量轻、表面整洁美观、经济，框格内如果嵌填一些保温隔声材料，能起到较好的保温、隔声效果。在实际工程中，常将夹板门表面刷防火漆料，外包镀锌薄钢板，使之达到二级防火门的标准。夹板门常用于住宅建筑中的分户门。

因功能需要，夹板门上可镶嵌玻璃或百叶等，此时，须将镶嵌处四周做成本框并铲灰

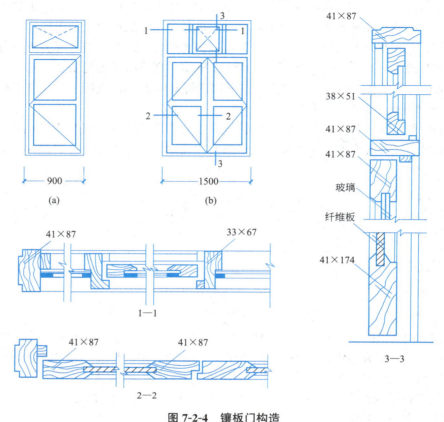

图 7-2-4　镶板门构造

口，镶玻璃时，一侧或两侧用压条固定玻璃。

（3）弹簧门。弹簧门是将普通镶板门或夹板门改用弹簧合页，开启后能自动关闭。

弹簧门按使用的合页有单面弹簧门、双面弹簧门和地弹簧门之分。单面弹簧门常用于需有温度调节及气味要遮挡的房间，如厨房、卫生间等。双面弹簧门或地弹簧门常用于公共建筑的门厅、过厅以及出入人流较多，使用较频繁的房间门。弹簧门不适用于幼儿园、中小学出入口处。

为避免人流出入时碰撞，弹簧门上须安装玻璃门。弹簧门的合页安装在门侧边，地弹簧的轴安装在地下，顶面与地面相平，只剩下铰轴与铰辊部分，开启时也较隐蔽。地弹簧适合于高标准建筑中入口处的大面积玻璃门等。

（4）实拼门。实拼门又叫拼板门，即门扇采用实木（原木）拼板制成的木门。传统的拼板门由于其正反两面构造不同，因而有明显的里外之分，它一般作为建筑外门。拼板门一般采用的是全木结构，具有强度好的特点。现代装饰建材市场多采用高档硬木材料制作，随洞口尺寸大小不同，拼板门又有有亮、无亮，单扇、双扇等多种具体形式，可以根据需要选用。

2. 金属门构造

金属门包括钢质防火门、三防门、有框玻璃门、玻璃转门、铝（镁）合金推拉门、金属卷帘门、格栅门等。金属门扇主要在工厂定做，工程中大多选用成品安装。

钢质门广泛用于建筑的室内及室外，主要应用在防火门、防盗门、商业外门及医院等特殊场所。用于室外的钢质门应采用措施，以适应户外的日晒雨淋的恶劣工作环境。

铝合金门是将表面处理过的铝合金型材，经下料、打孔、铣槽、攻螺纹、制作等加工工艺面制作而成的门框构件，再用连接件、密封材料和开闭五金配件一起组合装配而成的一种门。

3. 其他材料门扇

玻璃门是比较特殊的一种门扇，主要应用在大型公共建筑外门部位。根据需要不同，玻璃门可采用平玻璃、花玻璃或磨砂玻璃。玻璃门采用的玻璃分钢化玻璃和普通浮法玻璃，一般采用厚度为 10～12mm 规格的玻璃材质制作。在人流密集场所和一些重点部位如商场、银行、车站等，使用的玻璃门应是安全玻璃门，它采用钢化玻璃、夹丝玻璃、夹胶玻璃等制作，既坚固又安全。

塑钢门的发展十分迅速，其保温效果好、造价经济、传热系数低。但塑钢型材抗变形能力不如金属材料，不适用于公共建筑中无门槛外门，所以适用范围受到制约。

玻璃钢门窗以不饱和聚酯树脂为基体材料，玻璃纤维为增强材料，采用挤拉成型工艺制成型材，具有轻质高强、耐疲劳、抗震性能好、耐化学腐蚀、导热系数低、密封性好、电绝缘性能高及使用寿命长等特点。玻璃钢门窗适用于各种民用、商用及工业建筑，尤其适用于保温隔热、隔绝噪声及防止腐蚀等要求较高的场所。

钢筋混凝土门主要应用在各类防护门上，常见的是人防门的防护密闭门和密闭门。这类门扇基本由专业厂家定制生产，工程中根据防护类别与等级选用。

7.2.3　窗扇构造

窗扇和门扇构造上大体接近，材料选择与其开启方式及尺寸密切相关。

1. 木窗构造

木窗的构成主要包括窗边梃、窗芯、玻璃（纱网）、五金配件等。木质外窗因防水需求，玻璃均从外侧安装，边梃铲灰口方向在外侧，玻璃固定后，嵌油灰泥。各构件的内侧常做装饰性线脚，既减少挡光又美观。两窗扇之间的接缝处，常做高低缝的盖口，也可以一面或两面加钉盖缝条，这样既提高了防风雨能力又减少了冷风渗透。也采取设空腔等措施杜绝毛细现象。

内开窗下口为配合防水，需要设置披水板。窗扇玻璃可选用平板玻璃、压花玻璃、磨砂玻璃、中空玻璃、夹丝玻璃、钢化玻璃等，普通窗扇大多数采用 3～5mm 厚无色透明的平板玻璃。木质悬窗常见为上悬窗和中悬窗，尤其以门上亮窗居多。其中，中悬窗开启均衡，无需撑杆等辅助配件，在传统的大量性民用建筑中应用较为普遍。

2. 钢窗构造

实腹式钢门窗用料有多种断面和规格，多用 32mm 和 40mm 两种系列。为了适应不同尺寸门窗洞的需要，便于门窗的组合和运输，钢门窗都以标准化的系列门窗规格作为基本单元。其高度和宽度为 3M（300mm）的倍数，常用的钢门宽度有 900mm、1200mm、1500mm、1800mm，高度有 2100mm、2400mm、2700mm。窗洞口尺寸不大时，可采用基本钢门窗，直接安装在洞口上。较大的门窗洞口则需要用标准的基本单元拼接组合而成。基本单元的组合方式有三种，即竖向组合、横向组合和横竖向组合。

3. 铝合金、塑料（钢）窗构造

虽然生产方式不同，但是铝合金窗与塑料（钢）窗的断面形式十分接近，玻璃的安装方法也基本相同。铝合金门窗玻璃尺寸较大，常采用 5mm 厚玻璃，使用玻璃胶或铝合金弹性压条加橡胶或橡胶密封条固定。铝合金门窗多用推拉式开启，而推拉式门窗的密闭性较差；平开式铝合金玻璃门多采用地弹簧与门的上下梃连接，但框料需加强。铝合金型材导热系数大，因此普通铝合金门窗的热桥问题十分突出，新式的热隔断铝型材可以切断热桥。

塑料门窗的料型断面为空腹，多空腔式，其开启方式有平开、推拉等。门可以做成折叠门，五金配件多采用配套的专用配件。当门窗面积较大时，常做成推拉开启的方式。为了改善刚度、强度，在塑料型材空腹内加设薄壁型钢，由此制成的门窗称为塑钢门窗。塑钢门窗的所有缝隙都嵌有橡胶或橡胶密封条及毛条，具有良好的气密性和水密性。

7.2.4 装饰构造

门窗的组成部件中还有一部分属于装饰性附件，如贴脸板、筒子板、窗帘盒等，这些装饰性附件在建筑中都是与门窗一同设计、施工的。

1. 贴脸板

贴脸板是在门洞四周所钉的木板，其作用是掩盖门框与墙的接缝，也是由墙到门的过渡。贴脸板常用 20mm 厚木板，宽 20～100mm。为节省木材，现在也采用胶合板、刨花板等，或多层板、硬木饰面板替代木板。

2. 筒子板

当门框的一侧或两侧均不靠墙面时，除了将抹灰嵌入门框边的铲灰口内，或者同压缝条盖住与墙的接缝外，也往往包钉木板，称为筒子板。

贴脸板、筒子板门框之间应连接可靠。高标准建筑中，贴脸板与筒子板均依照设计铲线角，或用木线嵌压。

3. 窗帘盒

窗帘盒有两种形式：一种是房间有吊顶，窗帘盒应隐蔽在吊顶内，在做吊顶时一同完成；另一种是房间没有吊顶，窗帘盒固定在墙上，与窗框套成为一个整体。

任务 7.3　特殊构造的门和窗

任务概述

本节内容包括：门窗的热工性能和密闭性指标。

学习目标

1. 了解门窗的热工性能;
2. 掌握门窗的密闭性指标。

 任务分组

班级		组号		指导教师			
组长		学号					
组员	姓名	学号	姓名	学号	姓名	学号	
任务分工							

 工作实施

1. 提高门窗的热工性能

引导问题 1：造成门窗热损失有两个途径：一是门窗面的热传导和_____；二是通过门窗各种缝隙冷风_____。

引导问题 2：门窗的_____代表了门窗的保温性能。

引导问题 3：严寒和寒冷地区外门窗可以通过增加_____层数或_____层数来提高保温性能。

引导问题 4：以铝塑铝复合门窗为例，其门窗外面两侧是_____型材，中间隔热体是改性多腔_____型材，既有铝合金的_____，又有塑料_____的特点，具有非常好的隔热节能效果，从而达到节能目标。

引导问题 5：采取特种玻璃如_____玻璃、_____玻璃、_____玻璃等措施达到节能要求。

2. 提高门窗的密闭性指标

引导问题 6：门窗缝隙是冷风渗透的根源，因此为减少冷风渗透可采用大窗扇，_____单块玻璃面积以减少门窗缝隙。

引导问题 7：框和墙之间的缝隙密封，可用_____型材料、_____泡沫、_____膏以及边框铲灰口等。

特殊构造门窗　门窗密闭性指标

评价反馈

1. 学生进行自我评价，并将结果填入表7-3-1。

学生自评表　　　　　　　　　　　　　　　表 7-3-1

班级：　　　　　姓名：　　　　　学号：				
任务 7.3		特殊构造的门和窗		
评价项目		评价标准	分值	得分
门窗的热工性能	提高保温性能的构造	了解建筑节能,保温措施	10	
	减小热损失的构造	了解隔热阻热设计	15	
	特种玻璃	了解特种玻璃热工指标	15	
门窗的密闭性指标	门窗的气密性能指标	掌握单位缝长分级指标;单位面积分级指标	10	
	门窗的水密性能指标	掌握水密性能分级指标	10	
	门窗的抗风压性能指标	掌握抗风压性能分级指标	10	
工作态度		态度端正,无无故缺席、迟到、早退现象	10	
工作质量		能按计划完成工作任务	5	
协调能力		与小组成员、同学之间能合作交流、协调工作	5	
职业素质		能做到保护环境、爱护公共设施	5	
创新意识		能通过本小组工作任务,判断不同建筑门窗的节能类型	5	
合计			100	

2. 学生以小组为单位，对以上任务进行互评，将结果填入表7-3-2。

学生互评表　　　　　　　　　　　　　　　表 7-3-2

班级：　　　　　小组：						
任务 7.3		特殊构造的门和窗				
评价项目	分值	评价对象得分				
了解提高保温性能的构造	10					
了解减小热损失的构造	15					
了解特种玻璃热工指标	15					
掌握门窗的气密性能指标	10					
掌握门窗的水密性能指标	10					
掌握门窗的抗风压性能指标	10					
工作态度	10					
工作质量	5					
协调能力	5					
职业素质	5					
创新意识	5					
合计	100					

3. 教师对学生工作过程与结果进行评价，将评价结果填入表 7-3-3。

教师综合评价表 表 7-3-3

班级：		姓名：　　　　学号：		
任务 7.3		特殊构造的门和窗		
评价项目		评价标准	分值	得分
门窗的热工性能	提高保温性能的构造	了解建筑节能,保温措施	10	
	减小热损失的构造	了解隔热阻热设计	15	
	特种玻璃	了解特种玻璃热工指标	15	
门窗的密闭性指标	门窗的气密性能指标	掌握单位缝长分级指标;单位面积分级指标	10	
	门窗的水密性能指标	掌握水密性能分级指标	10	
	门窗的抗风压性能指标	掌握抗风压性能分级指标	10	
工作态度		态度端正,无无故缺席、迟到、早退现象	10	
工作质量		能按计划完成工作任务	5	
协调能力		与小组成员、同学之间能合作交流、协调工作	5	
职业素质		能做到保护环境、爱护公共设施	5	
创新意识		能通过本小组工作任务,判断不同建筑门窗的节能类型	5	
合计			100	
综合评价	自评(20%)	互评(30%)	教师评价(50%)	综合得分

📚 任务相关知识点

　　建筑外门窗是建筑节能的薄弱环节，我国民用建筑外门窗的传热系数比发达国家大 2～4 倍。我国严寒、寒冷地区住宅在一个供暖周期内通过窗与阳台门的传热和冷风渗透引起的热损失，占房屋能耗的 45% 左右。因此，门窗节能是建筑节能的重点。

　　造成门窗热损失有两个途径：一是门窗面的热传导辐射和对流；二是通过门窗各种缝隙冷风渗透。所以门窗保温应从以上两个方面采取构造措施。

7.3.1　提高门窗的热工性能

　　门窗的传热系数代表了门窗的保温性能。外门外窗传热系数分级见表 7-3-4。

外门外窗传热系数分级 ［单位：W/(m² · K)］ 表 7-3-4

分级	1	2	3	4	5
分级指标值	$K \geqslant 5.0$	$5.0 > K \geqslant 4.0$	$4.0 > K \geqslant 3.5$	$3.5 > K \geqslant 3.0$	$3.0 > K \geqslant 2.5$

续表

分级	6	7	8	9	10
分级指标值	$2.5>K\geqslant2.0$	$2.0>K\geqslant1.6$	$1.6>K\geqslant1.3$	$1.3>K\geqslant1.1$	$K<1.1$

1）严寒和寒冷地区外门窗可以通过增加门窗层数或玻璃层数来提高保温性能。传统方式的双层外窗、设置门斗是非常有效的保温措施。伴随建筑节能标准的不断深化，双玻窗和三玻窗被越来越多地应用在大量性民用建筑中。暖边中空玻璃，充惰性气体可以大幅提高窗玻璃的热工指标。

2）采用比较复杂的边框断面，在保障门窗刚度的前提下，减小断面尺寸，减小热损失。现代金属门窗和塑钢门窗的断面均设计得比较复杂，传导路径的增加甚至被切断可以大幅提高门窗边框的热阻。以铝塑铝复合门窗为例，其门窗外面两侧是铝合金型材，中间隔热体是改性多腔 PVC 型材，既有铝合金的高强度，又有塑料隔热的特点，具有非常好的隔热节能效果，从而达到节能目标。

3）采取特种玻璃如真空玻璃、吸热玻璃、反射玻璃等措施达到节能要求。玻璃的热工性能对门窗的节能有很大的影响，部分建筑采用聚碳酸酯制品（PC 板）用来制作门窗透明部分，使得门窗的热工指标得到很大提高。聚碳酸酯制成的实心板和空心板，有采光通风透光率高的特点，结构强度较高，其撞击强度是普通玻璃的 $250\sim300$ 倍，是同等厚度亚克力板的 30 倍，是钢化玻璃的 $2\sim20$ 倍。

7.3.2 提高门窗的密闭性指标

门窗缝隙是冷风渗透的根源，因此为减少冷风渗透可采用大窗扇，扩大单块玻璃面积以减少门窗缝隙。同时，合理减少可开窗扇面积，在满足夏季通风的条件下扩大固定窗扇的面积，也是减少门窗缝隙冷风渗透的途径之一。

门窗的密封和密闭措施包括框与墙、框与扇、扇与扇、窗扇与玻璃等部位的处理。框和墙之间的缝隙密封，可用弹性松软型材料、聚乙烯泡沫、密封膏以及边框铲灰口等；框与扇间的密闭，可用橡胶条、橡塑条、泡沫密闭条以及高低缝、回风槽等；扇与扇之间的密闭，可用密闭条、高低缝及缝外压条等；窗扇与玻璃之间的密封，可用密封膏和各种弹性压条等。

任务 7.4 建筑常用的遮阳模式

任务概述

本节内容包括：门窗的水平遮阳、垂直遮阳、综合遮阳和挡板遮阳。

学习目标

1. 掌握门窗的水平遮阳；
2. 掌握门窗的垂直遮阳；
3. 掌握门窗的综合遮阳；
4. 掌握门窗的挡板遮阳。

 任务分组

班级		组号		指导教师			
组长		学号					
组员	姓名	学号	姓名	学号	姓名	学号	
任务分工							

工作实施

引导问题 1：用于遮阳的方法很多，如在窗口悬挂_____、利用门窗_____自身遮光以及窗扇_____方式的调节变化等。

引导问题 2：建筑上设置的遮阳板按其位置可分为_____遮阳、_____遮阳、_____遮阳及_____遮阳四种形式。

门窗遮阳

引导问题 3：在窗口上方设置具有一定宽度的_____方向遮阳板，能够遮挡从窗口上方照射下来的高度角较大的阳光，适用于南向及其附近朝向的窗口。

引导问题 4：在较高大的窗口，可在不同高度设置_____层或_____层水平遮阳板，以减少板的出挑宽度。

引导问题 5：根据光线的来向和具体处理的不同，垂直遮阳板可以垂直于墙面也可以与墙面形成一定的_____。

引导问题 6：在窗口前方，离开窗口一定距离设置与窗户平行方向的垂直遮阳板，可以有效遮挡正面窗口高度角较小的阳光，主要适用于_____及其附近的窗口，但不利于_____，且对视线有_____。

评价反馈

1. 学生进行自我评价，并将结果填入表 7-4-1。

班级：	姓名：	学号：			
任务 7.4		建筑常用的遮阳模式			
评价项目		评价标准		分值	得分
建筑常用的遮阳模式	水平遮阳	掌握水平遮阳的构造形式和特点		20	
	垂直遮阳	掌握垂直遮阳的构造形式和特点		20	
	综合遮阳	掌握综合遮阳的构造形式和特点		15	
	挡板遮阳	掌握挡板遮阳的构造形式和特点		15	
工作态度		态度端正，无无故缺席、迟到、早退现象		10	
工作质量		能按计划完成工作任务		5	
协调能力		与小组成员、同学之间能合作交流、协调工作		5	
职业素质		能做到保护环境、爱护公共设施		5	
创新意识		能通过本小组工作任务，判断学校建筑的遮阳模式		5	
合计				100	

2. 学生以小组为单位，对以上任务进行互评，将结果填入表 7-4-2。

		班级：		小组：		
任务 7.4		建筑常用的遮阳模式				
评价项目	分值	评价对象得分				
掌握水平遮阳的构造形式和特点	20					
掌握垂直遮阳的构造形式和特点	20					
掌握综合遮阳的构造形式和特点	15					
掌握挡板遮阳的构造形式和特点	15					
工作态度	10					
工作质量	5					
协调能力	5					
职业素质	5					
创新意识	5					
合计	100					

3. 教师对学生工作过程与结果进行评价，将评价结果填入表 7-4-3。

教师综合评价表　　　　　　　　　　　　　　表 7-4-3

班级：　　　　姓名：　　　　学号：					
任务 7.4		建筑常用的遮阳模式			
评价项目		评价标准		分值	得分
建筑常用的遮阳模式	水平遮阳	掌握水平遮阳的构造形式和特点		20	
	垂直遮阳	掌握垂直遮阳的构造形式和特点		20	
	综合遮阳	掌握综合遮阳的构造形式和特点		15	
	挡板遮阳	掌握挡板遮阳的构造形式和特点		15	
工作态度		态度端正，无无故缺席、迟到、早退现象		10	
工作质量		能按计划完成工作任务		5	
协调能力		与小组成员、同学之间能合作交流、协调工作		5	
职业素质		能做到保护环境、爱护公共设施		5	
创新意识		能通过本小组工作任务，判断学校建筑的遮阳模式		5	
合计				100	
综合评价	自评（20%）	互评（30%）	教师评价（50%）		综合得分

 任务相关知识点

用于遮阳的方法很多，如在窗口悬挂窗帘、利用门窗构件自身遮光以及窗扇开启方式的调节变化等。利用窗前绿化、雨篷、挑檐、阳台、外廊及墙面花格，也可以达到一定的遮阳效果。在窗前设置遮阳板进行遮阳对采光和通风都会带来不利影响。因此，在设置遮阳设施时，应对采光、通风、日照、经济、美观做慎重考虑，以达到功能、技术、艺术的统一。

建筑上设置的遮阳板按其位置可分为水平遮阳、垂直遮阳、综合遮阳及挡板遮阳四种形式。

1. 水平遮阳

在窗口上方设置具有一定宽度的水平方向遮阳板，能够遮挡从窗口上方照射下来的高度角较大的阳光，适用于南向及其附近朝向的窗口，如图 7-4-1（a）所示。寒冷地区冬季为避免遮阳影响日照，应控制其出挑宽度，以达到理想的均衡效果。水平遮阳板可做成实心板式百叶板。在较高大的窗口，可在不同高度设置双层或多层水平遮阳板，以减少板的出挑宽度。

被动式遮阳将冬季与夏季的不同需求，通过固定水平挑檐尺寸兼顾解决。

2. 垂直遮阳

在窗口的两侧设置垂直方向的遮阳挡板，可以有效遮挡从窗口两侧射过来的阳光，如图 7-4-1（b）所示。根据光线的来向和具体处理的不同，垂直遮阳板可以垂直于墙面也可以与墙面形成一定的夹角。垂直遮阳主要适用于偏南或西向的窗口。

3. 综合遮阳

综合遮阳是以上两种遮阳板的综合，能够遮挡从窗口左右两侧及前上方射来的阳光，如图 7-4-1（c）所示。遮阳效果比较均匀，主要适用于南向、东南、西向的窗口，但对室内照度有较大影响。

4. 挡板遮阳

在窗口前方，离开窗口一定距离设置与窗户平行方向的垂直遮阳板，可以有效遮挡正面窗口高度角较小的阳光，主要适用于东西向及其附近的窗口，但不利于通风，且对视线有遮挡，如图 7-4-1（d）所示。

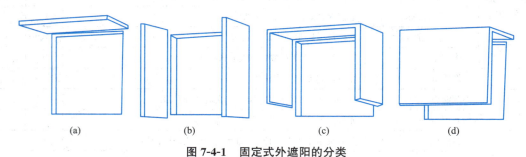

图 7-4-1　固定式外遮阳的分类

（a）水平遮阳；（b）垂直遮阳；（c）综合遮阳；（d）挡板遮阳

变形缝

任务 8.1　变形缝的作用和分类

 任务概述

本节内容包括：变形缝的作用和类型。为进一步学习变形缝的构造要求打下基础。

 学习目标

1. 理解并掌握变形缝的概念；
2. 掌握变形缝的作用；
3. 掌握变形缝的分类。

任务分组

班级		组号		指导教师	
组长		学号			
组员	姓名	学号	姓名	学号	姓名	学号
任务分工						

 工作实施

1. 变形缝的作用

引导问题1：建筑物由于＿＿＿＿＿＿＿、＿＿＿＿＿＿＿及＿＿＿＿＿＿＿等因素的影响，结构内部产生附件应力和应变。

引导问题2：为减少结构内部产生附加应力和应变，第一种方法是＿＿＿＿＿＿，使之具有足够的强度与刚度来克服这些破坏力，不产生破裂；第二种方法是预先在＿＿＿＿＿＿＿＿将结构断开，留出一定缝隙，以保证各部分建筑物在这些缝隙中有足够的变形空间而不致造成建筑的破坏。这种将建筑物＿＿＿＿＿＿的预留缝隙称为变形缝。

2. 变形缝的分类

引导问题3：变形缝可分为＿＿＿＿＿、＿＿＿＿＿＿＿及＿＿＿＿＿三种。

引导问题4：伸缩缝是在＿＿＿＿＿＿＿的建筑物中，为避免由于＿＿＿＿＿引起材料的热胀冷缩导致构件开裂，而沿建筑物的＿＿＿＿将＿＿＿＿＿以上部分全部断开的垂直缝隙，又称为＿＿＿＿＿。

引导问题5：沉降缝是为减少＿＿＿＿＿＿＿＿＿对建筑物造成危害，在建筑物某些部位设置从＿＿＿＿＿到＿＿＿＿＿全部断开的垂直缝。

引导问题6：防震缝是为了防止＿＿＿＿＿＿＿＿在地震时＿＿＿＿＿＿＿＿造成变形和破坏而设置的垂直缝。防震缝应将建筑物分成＿＿＿＿＿＿、＿＿＿＿＿＿的独立单元。

评价反馈

1. 学生进行自我评价，并将结果填入表 8-1-1 中。

学生自评表　　　　　　　　　　　　　　　表 8-1-1

班级：　　　　姓名：　　　　学号：				
任务 8.1		变形缝的作用和分类		
评价项目		评价标准	分值	得分
变形缝的作用	气温变化对建筑物的影响	掌握气温变化对建筑物所产生的影响	10	
	地基不均匀沉降对建筑物的影响	掌握地基不均匀沉降变化对建筑物所产生的影响	10	
	地震对建筑物的影响	掌握地震对建筑物所产生的影响	10	
变形缝分类	伸缩缝	理解并掌握伸缩缝的概念	10	
	沉降缝	理解沉降缝的概念	10	
	防震缝	理解并掌握防震缝的概念	10	
工作态度		态度端正，无无故缺席、迟到、早退现象	10	
工作质量		能按计划完成工作任务	10	
协调能力		与小组成员、同学之间能合作交流、协调工作	10	
职业素质		能做到保护环境、爱护公共设施	5	
创新意识		能通过本小节工作任务，判断学校建筑群落中的变形缝	5	
合计			100	

2. 学生以小组为单位，对以上任务的过程和结果互评，将互评结果填入表 8-1-2。

学生互评表　　　　　　　　　　　　　　　表 8-1-2

班级：　　　　小组：							
任务 8.1		变形缝的作用和分类					
评价项目	分值	评价对象得分					
掌握气温变化对建筑物所产生的影响	10						
掌握地基不均匀沉降变化对建筑物所产生的影响	10						
掌握地震对建筑物所产生的影响	10						
理解并掌握伸缩缝的概念	10						

续表

理解沉降缝的概念	10				
理解并掌握防震缝的概念	10				
工作态度	10				
工作质量	10				
协调能力	10				
职业素质	5				
创新意识	5				
合计	100				

3. 教师对学生工作过程与结果进行评价，并将评价结果填入表 8-1-3。

教师综合评价表　　　　　　　　　　　　　　表 8-1-3

班级：　　　　　　姓名：　　　　　　学号：					
任务 8.1		变形缝的作用和分类			
评价项目		评价标准		分值	得分
变形缝的作用	气温变化对建筑物的影响	掌握气温变化对建筑物所产生的影响		10	
	地基不均匀沉降对建筑物的影响	掌握地基不均匀沉降变化对建筑物所产生的影响		10	
	地震对建筑物的影响	掌握地震对建筑物所产生的影响		10	
变形缝分类	伸缩缝	理解并掌握伸缩缝的概念		10	
	沉降缝	理解沉降缝的概念		10	
	防震缝	理解并掌握防震缝的概念		10	
工作态度		态度端正，无无故缺席、迟到、早退现象		10	
工作质量		能按计划完成工作任务		10	
协调能力		与小组成员、同学之间能合作交流、协调工作		10	
职业素质		能做到保护环境、爱护公共设施		5	
创新意识		能通过本小节工作任务，判断学校建筑群落中的变形缝		5	
合计				100	
综合评价	自评（20%）	小组互评（30%）	教学评价（50%）	综合得分	

 任务相关知识点

8.1.1　变形缝的作用

　　建筑物由于受气温变化、地基不均匀沉降以及地震等因素的影响，结构内部产生附加应力和应变。如处理不当，将会使建筑物产生变形、裂缝甚至倒塌，影响使用与安全。针对这种情况现有两种解决办法：第一种是加强建筑物的整体性，使之具有足够的强度与刚度来克服这些破坏力，不产生破裂；第二种是预先在这些变形敏感的部位将结构断开，留出一定缝隙，以保证各部分建筑物在这些缝隙中有足够的变形空间而不致造成建筑的破坏。这种将建筑物垂直分割开来的预留缝隙称为变形缝。

8.1.2　变形缝的分类

变形缝可分为伸缩缝、沉降缝、防震缝三种。

伸缩缝是在长度或宽度较大的建筑物中，为避免由于温度变化引起材料的热胀冷缩导致构件开裂，而沿建筑物的竖向将基础以上部分全部断开的垂直缝隙，又称为温度缝。

沉降缝是为减少地基不均匀沉降对建筑物造成危害，在建筑物某些部位设置从基础到屋面全部断开的垂直缝。

防震缝是为了防止建筑物的各部分在地震时相互撞击造成变形和破坏而设置的垂直缝。防震缝应将建筑物分成若干体型简单、结构刚度均匀的独立单元。

任务 8.2　变形缝的设置原则

任务概述

本节内容包括：伸缩缝、沉降缝、防震缝三种变形缝在建筑物中设置位置、设置要求及三种缝相协调的设置原则。

学习目标

1. 掌握伸缩缝的设置原则；
2. 掌握沉降缝的设置原则；
3. 掌握防震缝的设置原则。

任务分组

班级		组号		指导教师			
组长		学号					
组员	姓名	学号	姓名	学号	姓名	学号	
任务分工							

工作实施

1. 伸缩缝

引导问题 1：伸缩缝沿一定间距设置，_____结构全部断开，并在两部分之间留出适当的缝隙，基础_____。

引导问题 2：伸缩缝的宽度一般为_____mm。

2. 沉降缝

引导问题 3：沉降缝把建筑物分成_____刚度好，_____的结构单元，以适应_____的沉降。

引导问题 4：沉降缝要求从_____部分全部断开，沉降缝可以兼做_____。

引导问题 5：因_____、_____、_____等悬殊易造成_____时，需设置沉降缝。

引导问题 6：相邻基础的_____、_____、_____等易导致_____时，需设置沉降缝。

引导问题 7：地基_____，难以保证_____时，需设置沉降缝。

引导问题 8：建筑物体型_____，连接部分_____时，需设置沉降缝。

3. 防震缝

引导问题 9：建筑物立面高差在_____m 以上时，需设置防震缝。

引导问题 10：建筑物有_____且_____楼板高差较大时，需设置防震缝。

引导问题 11：建筑物相邻各部分_____、_____不同时，需设置防震缝。

评价反馈

1. 学生进行自我评价，并将结果填入表 8-2-1。

学生自评表 表 8-2-1

班级：	姓名：	学号：		
任务 8.2		变形缝的设置原则		
评价项目		评价标准	分值	得分
伸缩缝	伸缩缝设置原则	掌握伸缩缝设置原则	10	
	伸缩缝缝宽	掌握伸缩缝缝宽	10	
沉降缝	沉降缝设置原则	掌握沉降缝设置原则	10	
	沉降缝缝宽	掌握沉降缝缝宽	10	
防震缝	防震缝设置原则	掌握防震缝设置原则	10	
	防震缝缝宽	掌握防震缝缝宽	10	
工作态度		态度端正，无无故缺席、迟到、早退现象	10	
工作质量		能按计划完成工作任务	10	
协调能力		与小组成员、同学之间能合作交流、协调工作	10	
职业素质		能做到保护环境、爱护公共设施	5	
创新意识		能通过本小节工作任务，判断学校建筑群落不同的变形缝	5	
合计			100	

2. 学生以小组为单位，对以上任务的过程和结果互评，将互评结果填入表 8-2-2。

学生互评表 表 8-2-2

班级：　　　　小组：						
任务 8.2		变形缝的设置原则				
评价项目	分值	评价对象得分				
掌握伸缩缝设置原则	10					
掌握伸缩缝缝宽	10					
掌握沉降缝设置原则	10					
掌握沉降缝缝宽	10					
掌握防震缝设置原则	10					
掌握防震缝缝宽	10					
工作态度	10					
工作质量	10					
协调能力	10					
职业素质	5					
创新意识	5					
合计	100					

3. 教师对学生工作过程与结果进行评价，并将评价结果填入表 8-2-3。

教师综合评价表 表 8-2-3

班级：　　　　姓名：　　　　学号：					
任务 8.2		变形缝的设置原则			
评价项目		评价标准		分值	得分
伸缩缝	伸缩缝设置原则	掌握伸缩缝设置原则		10	
	伸缩缝缝宽	掌握伸缩缝缝宽		10	
沉降缝	沉降缝设置原则	掌握沉降缝设置原则		10	
	沉降缝缝宽	掌握沉降缝缝宽		10	
防震缝	防震缝设置原则	掌握防震缝设置原则		10	
	防震缝缝宽	掌握防震缝缝宽		10	
工作态度		态度端正，无无故缺席、迟到、早退现象		10	
工作质量		能按计划完成工作任务		10	
协调能力		与小组成员、同学之间能合作交流、协调工作		10	
职业素质		能做到保护环境、爱护公共设施		5	
创新意识		能通过本小节工作任务，判断学校建筑群落不同的变形缝		5	
合计				100	
综合评价	自评(20%)	小组互评(30%)	教学评价(50%)	综合得分	

任务相关知识点

8.2.1 伸缩缝

伸缩缝沿一定间距设置，地面以上结构全部断开，并在两部分之间留出适当的缝隙，基础可不断开。伸缩缝的宽度一般为 20~40mm。

8.2.2 沉降缝

伸缩缝设置原则　　砌体结构和钢筋混凝土结构伸缩缝的最大间距

沉降缝把建筑物分成若干个整体刚度好，自成沉降体系的结构单元，以适应不均匀的沉降。沉降缝要求从基础到屋面部分全部断开，沉降缝可以兼做伸缩缝。下列情况均应考虑设置沉降缝。

1. 因高度、荷载、结构形式悬殊易造成不均匀沉降时；
2. 相邻基础的形式、宽度、埋深悬殊易导致沉降不均时；
3. 地基不同，难以保证均匀沉降时；
4. 建筑物体型复杂，连接部分较薄弱时；
5. 新旧建筑物紧相毗连时。

8.2.3 防震缝

对多层砌体房屋，应优先采用横墙承重或纵横墙承重的结构体系，在基本烈度为 7 度到 9 度地区，下列情况宜设防震缝：

1. 建筑物立面高差在 6m 以上时；
2. 建筑物有错层且错层楼板高差较大时；
3. 建筑物相邻各部分结构刚度、重量截然不同时。

对于多层和高层钢筋混凝土结构房屋，应尽量选用合理的建筑结构方案，不设防震缝。

任务 8.3 变形缝的构造

 任务概述

本节内容包括：伸缩缝、沉降缝、防震缝三种变形缝在基础、地面、墙面、楼板及屋顶等处的构造做法。

学习目标

1. 掌握伸缩缝的构造做法；
2. 掌握沉降缝的构造做法；
3. 掌握防震缝的构造做法。

 任务分组

班级		组号		指导教师	
组长		学号			
组员	姓名	学号	姓名	学号	姓名	学号
任务分工						

工作实施

1. 伸缩缝

引导问题 1：伸缩缝是将_____以上部分全部断开并留出适当的缝隙，以保证伸缩缝两侧的建筑构造能在水平方向自由伸缩，缝宽一般为_____mm。

引导问题 2：砖混结构的楼板及屋顶可采用_____或_____承重方案，框架结构可采用_____方案，也可采用_____方案，但施工比较复杂。

引导问题 3：墙体伸缩缝一般做成_____、_____、_____等截面形式，主要根据墙体材料、厚度及施工条件确定。

引导问题 4：楼地板层伸缩缝的位置和宽度应与_____、_____的变形缝一致。

引导问题 5：屋顶伸缩缝常见的位置有在_____屋顶处或_____高低错落处。

2. 沉降缝

引导问题 6：沉降缝与伸缩缝最大的区别在于伸缩缝只需要保证建筑物在_____的自由伸缩变形，而沉降缝主要满足建筑物各部分在_____的自由沉降变形，故应将建筑物从_____全部断开。

引导问题 7：墙体沉降缝常用_____、_____和彩色薄钢板等盖缝，墙体沉降缝的盖缝条应满足_____和_____变形缝的要求。

引导问题 8：楼板层应考虑沉降缝变形对_____和_____带来的影响。屋顶沉降缝应充分考虑不均匀沉降对_____和_____带来的影响。

引导问题 9：当地下室出现变形缝时，为使变形缝处能保持良好的防水性能，必须做好地下室_____和_____的防水构造，其措施是在结构施工时在变形缝处_____。在施工时一定要保证_____中间的空心圆或弯曲部分都必须对准变形缝，以适应变形需要。

 评价反馈

1. 学生进行自我评价，并将结果填入表 8-3-1。

学生自评表 表 8-3-1

班级：	姓名：	学号：		
任务 8.3		变形缝的构造		
评价项目		评价标准	分值	得分
伸缩缝		掌握伸缩缝的构造做法	20	
沉降缝		掌握沉降缝的构造做法	20	
防震缝		掌握防震缝的构造做法	20	
工作态度		态度端正，无无故缺席、迟到、早退现象	10	
工作质量		能按计划完成工作任务	10	
协调能力		与小组成员、同学之间能合作交流、协调工作	10	
职业素质		能做到保护环境、爱护公共设施	5	
创新意识		通过本小节工作任务，能叙述教学楼(实训楼)变形缝在墙体、地面、屋面处的构造	5	
合计			100	

2. 学生以小组为单位，对以上任务的过程和结果互评，将互评结果填入表 8-3-2。

学生互评表 表 8-3-2

班级：	小组：				
任务 8.3		变形缝的构造			
评价项目	分值	评价对象得分			
掌握伸缩缝的构造做法	20				
掌握沉降缝的构造做法	20				
掌握防震缝的构造做法	20				
工作态度	10				
工作质量	10				
协调能力	10				
职业素质	5				
创新意识	5				
合计	100				

3. 教师对学生工作过程与结果进行评价，并将评价结果填入表 8-3-3。

教师综合评价表

表 8-3-3

班级：　　　　　　姓名：　　　　　　学号：				
任务 8.3	变形缝的构造			
评价项目	评价标准		分值	得分
伸缩缝	掌握伸缩缝的构造做法		20	
沉降缝	掌握沉降缝的构造做法		20	
防震缝	掌握防震缝的构造做法		20	
工作态度	态度端正，无无故缺席、迟到、早退现象		10	
工作质量	能按计划完成工作任务		10	
协调能力	与小组成员、同学之间能合作交流、协调工作		10	
职业素质	能做到保护环境、爱护公共设施		5	
创新意识	通过本小节工作任务，能叙述教学楼(实训楼)变形缝在墙体、地面、屋面处的构造		5	
合计			100	
综合评价	自评(20%)	小组互评(30%)	教学评价(50%)	综合得分

 任务相关知识点

8.3.1　伸缩缝的构造

伸缩缝是将基础以上部分全部断开并留出适当的缝隙，以保证伸缩缝两侧的建筑构造能在水平方向自由伸缩，缝宽一般为 20～40mm。

伸缩缝构造

砖混结构的楼板及屋顶可采用单墙或双墙承重方案，框架结构可采用悬臂梁方案，也可采用双梁双柱方案，但施工比较复杂。

一、墙体伸缩缝构造

墙体伸缩缝一般做成平缝、错口缝、凹凸缝等截面形式，见图 8-3-1，主要根据墙体材料、厚度及施工条件而确定。墙体伸缩缝的构造因墙体位置不同而不同，具体包括外墙构造和内墙构造两种。

二、楼板伸缩缝构造

楼地板层伸缩缝的位置和宽度应与墙体、屋顶的变形缝一致。缝内常填塞具有弹性的油膏、沥青麻丝、金属、橡胶或塑料调解片等，上铺与地面材料相同的活动盖板、金属板或橡胶片等，以满足地面平整、光洁、防滑、防水及防尘等功能要求，见图 8-3-2。

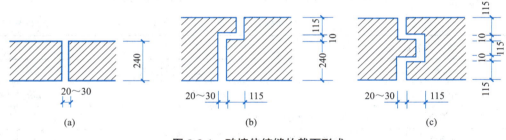

图 8-3-1　砖墙伸缩缝的截面形式

（a）平缝；（b）错口缝；（c）凹凸缝

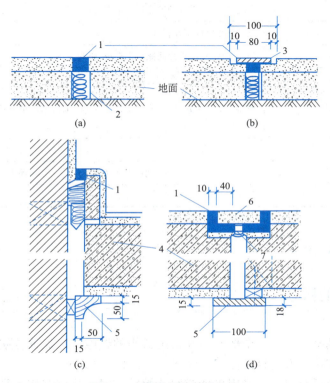

图 8-3-2　楼地板伸缩缝构造

（a）地面油膏嵌缝；（b）地面钢板盖缝；（c）楼板靠墙处变形缝；（d）楼板变形缝

1—油膏嵌缝；2—沥青麻丝；3—5mm厚钢板；4—楼板；5—盖缝条；

6—预制水磨石板块；7—干铺油毡三层

三、屋顶伸缩缝构造

屋顶伸缩缝常见的位置有在同一标高屋顶处或墙与屋顶高低错落处。当屋顶为不上人屋面时，一般在伸缩缝处加砌矮墙，并做好屋面的防水和泛水处理，其要求同屋面泛水构造，不同之处在于盖缝处应能允许自由伸缩而不造成渗漏；当屋顶为上人屋面时，则用防水油膏嵌缝并做好泛水处理。常见屋顶伸缩缝构造考虑取材不同。屋面采用镀锌铁皮和防腐木砖的构造方式使用寿命是有限的，随着材料的发展出现彩色薄钢板、铝板、不锈钢皮等新型材料。

8.3.2 沉降缝的构造

沉降缝与伸缩缝最大的区别在于伸缩缝只需要保证建筑物在水平方向的自由伸缩变形，而沉降缝主要满足建筑物各部分在垂直方向上的自由沉降变形，故应将建筑物从基础到屋顶全部断开。

沉降缝的宽度由基础情况和建筑物的高度确定，见表 8-3-4。

沉降缝的宽度   表 8-3-4

地基情况	建筑物高度	沉降缝宽度/mm
一般地基	$h < 5\text{m}$	30
	$h = 5 \sim 10\text{m}$	50
	$h = 10 \sim 15\text{m}$	70
软弱地基	2～3 层	50～80
	4～5 层	80～120
	5 层以上	＞120
湿陷性黄土地基	—	≥30～70

一、基础沉降缝构造

沉降缝在基础处一般也应断开，并应避免因不均匀沉降造成的相互干扰。常见的砖混结构墙下条形基础的处理方法有双墙偏心基础、挑梁基础和双墙交叉式基础三种方案。

基础沉降缝处理方法

双墙偏心基础整体刚度大，但基础偏心受力，并在沉降时产生一定的挤压力。采用挑梁基础或双墙交叉式基础，地基受力将有所改进。

挑梁基础的特点是保证一侧墙下条形基础正常受压，另一侧采用纵向墙悬挑梁，梁上架设横向托墙梁，在梁上砌筑横墙。这种方案适合基础埋深相差较大或新旧建筑相毗邻的情况。

双墙交叉式基础较一般的基础更能满足地基变形的要求，能够防止由于过大的不均匀沉降而引起的上部结构的开裂和损坏，因而更适用于上部结构荷载较大或者地基土的承载力较低的情况。

二、墙体沉降缝构造

墙体沉降缝常用镀锌铁皮、铝合金板和彩色薄钢板等盖缝，墙体沉降缝的盖缝条应满足水平伸缩和垂直沉降变形缝的要求。

三、楼板沉降缝构造

楼板层应考虑沉降缝变形对地面交通和装修带来的影响。顶棚盖缝的处理也应充分考虑变形方向，以尽可能减少变形后遗缺陷。

四、屋顶沉降缝构造

屋顶沉降缝应充分考虑不均匀沉降对屋面防水和泛水带来的影响。泛水金属皮或其他构件应考虑沉降变形与维修余地。

五、地下室沉降缝构造

当地下室出现变形缝时，为使变形缝处能保持良好的防水性能，必须做好地下室墙身及地板层的防水构造，其措施是在结构施工时在变形缝处预埋止水带。止水带有橡胶止水带、塑料止水带、金属止水带等，其构造做法有内埋式和可卸式两种。在施工时一定要保证止水带中间的空心圆或弯曲部分都必须对准变形缝，以适应变形需要。

8.3.3 防震缝的构造

多层砌体房屋，防震缝宽度可采用 50~100mm，缝两侧均需设置墙体，以加强防震缝两侧房屋刚度。但对于多层和高层钢筋混凝土结构的房屋，应尽量选用合理的建筑结构方案，不设防震缝。当必须设置防震缝时，其最小缝宽应符合下列要求：

1. 当高度不超过 15m 时，可采用 70mm。

2. 当高度超过 15m 时，按不同设防烈度增加缝宽：

6 度地区，建筑每增高 5m，缝宽增加 20mm；

7 度地区，建筑每增高 4m，缝宽增加 20mm；

8 度地区，建筑每增高 3m，缝宽增加 20mm；

9 度地区，建筑每增高 2m，缝宽增加 20mm。

防震缝应沿建筑物全高设置，缝的两侧应布置双墙，或双柱，或一墙一柱，使各部分结构都有较好的刚度。

模块 9

建筑施工图识图

本模块主要讲述建筑施工图的组成、特点及识读方法；包括图纸目录、设计说明、建筑总平面图、建筑平面图、建筑立面图、建筑剖面图、建筑详图等。

一套施工图是由各工种的许多张图纸组成，各图纸之间是互相配合、紧密联系的。图纸的绘制大体是按照施工过程中不同的工种、工序分成一定的层次和部位进行的，因此读图时注意工种之间的联系，前后照应，要有联系地、综合地看图。

任务 9.1　初识建筑施工图

 任务概述

通过本节学习，应掌握建筑施工图组成、特点及识读方法相关的基础知识。

 学习目标

1. 熟悉建筑施工图组成、特点；
2. 掌握建筑施工图识读的方法。

 任务分组

班级		组号		指导教师		
组长		学号				
组员	姓名	学号	姓名	学号	姓名	学号
任务分工						

 工作实施

建筑施工图的组成及识读方法

　　　　引导问题1：建筑施工图是表达建筑物的总体布局、_____、内部布置（功能布局）、_____（外观形特征）、_____、细部构造做法及内外装饰装修做法等的图样。

　　　　引导问题2：建筑施工图，简称_____，一套完整的建施图，包括：图纸首页、建筑总平面图、_____、_____、_____、建筑详图。

　　　　引导问题3：先看_____、_____及_____，再读建施、结施、设施。

 评价反馈

1. 学生进行自我评价，并将结果填入表 9-1-1。

学生自评表 表 9-1-1

班级：	姓名：	学号：		
任务 9.1		建筑施工图概述		
评价项目	评价标准		分值	得分
建筑施工图纸的概念	理解建筑施工图纸的概念		10	
建筑施工图的组成	熟悉建筑施工图的组成		10	
	熟悉建筑施工图的编排顺序		10	
施工图识读的方法	掌握读图原则		15	
	熟悉读图顺序		15	
	了解建筑施工图识读注意事项		10	
工作态度	态度端正，无无故缺席、迟到、早退现象		10	
工作质量	能按计划完成工作任务		5	
协调能力	与小组成员、同学之间能合作交流、协调工作		5	
职业素质	能做到保护环境、爱护公共设施		5	
创新意识	通过本小组工作任务，初步具备识读建筑施工图的能力		5	
合计			100	

2. 学生以小组为单位，对以上任务进行互评，将结果填入表 9-1-2。

学生互评表 表 9-1-2

班级：	小组：					
任务 9.1		建筑施工图概述				
评价项目	分值	评价对象得分				
理解建筑施工图纸的概念	10					
熟悉建筑施工图的组成	10					
熟悉建筑施工图的编排顺序	10					
掌握读图原则	15					
熟悉读图顺序	15					
了解建筑施工图识读注意事项	10					
工作态度	10					
工作质量	5					
协调能力	5					
职业素质	5					
创新意识	5					
合计	100					

3. 教师对学生工作过程与结果进行评价，将评价结果填入表 9-1-3。

教师综合评价表　　　　　　表 9-1-3

班级：　　　姓名：　　　学号：				
任务 9.1	建筑施工图概述			
评价项目	评价标准		分值	得分
建筑施工图纸的概念	理解建筑施工图纸的概念		10	
建筑施工图的组成	熟悉建筑施工图的组成		10	
	熟悉建筑施工图的编排顺序		10	
施工图识读的方法	掌握读图原则		15	
	熟悉读图顺序		15	
	了解建筑施工图识读注意事项		10	
工作态度	态度端正，无无故缺席、迟到、早退现象		10	
工作质量	能按计划完成工作任务		5	
协调能力	与小组成员、同学之间能合作交流、协调工作		5	
职业素质	能做到保护环境、爱护公共设施		5	
创新意识	通过本小组工作任务,初步具备识读建筑施工图的能力		5	
合计			100	
综合评价	自评(20%)	互评(30%)	教师评价(50%)	综合得分

 任务相关知识点

9.1.1　建筑施工图纸的概念

　　建筑施工图是表达建筑物的总体布局、平面形状、内部布置（功能布局）、外部造型（外观形特征）、各项尺寸、细部构造做法及内外装饰装修做法等的图样。在民用建筑设计中，它是其他专业进行设计、施工的技术依据和条件。

9.1.2　建筑施工图纸的组成

　　1. 建筑施工图的组成
　　建筑施工图，简称建施，一套完整的建施图，包括以下主要图纸内容：图纸首页、建筑总平面图、建筑平面图、建筑立面图、建筑剖面图、建筑详图。
　　其中图纸首页一般包括建筑设计说明、图纸目录、门窗表、工程做法、技术经济指标及选用的标准图集列表等。

2. 建筑施工图的编排顺序

一栋房屋的全套施工图的编排顺序：图纸目录、建筑设计总说明、总平面图、建施、结施、水施、暖施、电施。

建筑施工图纸编排顺序：图纸目录→建筑设计总说明→总平面图→平面图→立面图→剖面图→详图。

各专业施工图的编排顺序：全局性图纸的在前，局部性图纸的在后；先施工的在前，后施工的在后；重要的图纸在前，次要的图纸在后。

9.1.3　建筑施工图纸的识读方法

1. 读图原则

先粗后细，先大后小，先外后里，先概貌后细部，并相互联系，反复对应读图、看图。

2. 读图顺序

先看图纸目录、首页及建筑设计总说明，再读建施、结施、设施；其中建筑施工图先平面→立面→剖面→详图→各图纸对应识读；读图时，先看图名、比例、文字说明及其他符号，再看图样。

3. 建筑施工图识读注意事项

施工图是根据正投影原理绘制的，用图纸表明房屋建筑的设计及构造作法。所以要看懂施工图，应掌握正投影原理和熟悉房屋建筑的基本构造。

施工图采用图例符号以及必要的文字说明，与图纸共同把设计内容表达出来。因此要看懂施工图，还必须熟悉常用的图例符号。

看图时要注意从粗到细，从大到小。先粗看一遍，了解工程的概貌，然后再仔细看。细看时应先看建筑设计总说明和基本图纸，然后再深入看构件图和详图。

任务 9.2　建筑施工图目录及设计说明

任务概述

通过本节的学习，应熟悉建筑施工图目录包含的内容；能从施工图目录中获得相应的信息，指导建筑施工图识读。了解建筑设计说明包含的内容并识读。

学习目标

1. 熟悉建筑施工图目录及设计说明的内容；
2. 能够熟练识读建筑施工图目录及设计说明。

 **任务分组**

班级		组号		指导教师	
组长		学号			
	姓名	学号	姓名	学号	姓名	学号
组员						
任务分工						

 **工作实施**

图纸目录及设计说明

建筑施工图目录及设计说明

引导问题：从下面的图纸目录中，我们可以得出：

（1）该目录所在卷册是_____阶段的设计图纸；

（2）该卷册的名称是_____；

（3）该卷册共有_____张图纸；

（4）该卷册共有_____张详图和_____张大样图；

（5）该卷册的第六张图纸图名是：_____。

第 1 页
共 13 页

卷册检索号			工 程 施工图 图纸目录
			_____ 部份 第 9 卷 第 1 册 第 / 分册
			卷 册 名 称： 行政办公楼建筑
			图 纸 13 张 / 本 说 明 / 本 清 册 / 本
2012 年 3 月 19 日			批 准 人：_____ 校 核 人：_____
			审 核 人：_____ 设 计 人：_____

序号	图 号	图 名	张数	套用原工程名称及图号
1	XXX-TXX-01	行政办公楼建筑首页图	1	
2	XXX-TXX-02	行政办公楼建筑±0.000m层平面图	1	
3	XXX-TXX-03	行政办公楼建筑3.900m层平面图	1	
4	XXX-TXX-04	行政办公楼建筑7.500m层平面图	1	
5	XXX-TXX-05	行政办公楼建筑11.100m层平面图	1	
6	XXX-TXX-06	行政办公楼建筑屋顶平面图	1	
7	XXX-TXX-07	行政办公楼建筑①—⑩、⑬—①立面图	1	
8	XXX-TXX-08	行政办公楼建筑Ⓐ—Ⓓ、Ⓓ—Ⓐ立面及剖面图	1	
9	XXX-TXX-09	卫生间详图	1	
10	XXX-TXX-10	楼梯详图	1	
11	XXX-TXX-11	节点详图	1	
12	XXX-TXX-12	门窗一览表及门窗大样图	1	
13	XXX-TXX-13	门窗大样图(二)	1	
备注				

 评价反馈

1. 学生进行自我评价，并将结果填入表 9-2-1。

学生自评表 表 9-2-1

班级：	姓名：	学号：		
任务 9.2		建筑施工图目录及设计说明		
评价项目	评价标准		分值	得分
建筑施工图的目录	熟悉建筑施工图的目录识读内容		15	
	掌握建筑施工图的目录识读方法		20	
建筑施工图的设计说明	熟悉建筑施工图设计说明识读内容		15	
	掌握建筑施工图设计说明识读方法		20	
工作态度	态度端正，无无故缺席、迟到、早退现象		10	
工作质量	能按计划完成工作任务		5	
协调能力	与小组成员、同学之间能合作交流、协调工作		5	
职业素质	能做到保护环境、爱护公共设施		5	
创新意识	通过本小组工作任务，能够熟练识读建筑施工图目录及设计说明		5	
合计			100	

2. 学生以小组为单位，对以上任务进行互评，将结果填入表 9-2-2。

学生互评表 表 9-2-2

班级：	小组：					
任务 9.2		建筑施工图目录及设计说明				
评价项目	分值	评价对象得分				
熟悉建筑施工图的目录识读内容	15					
掌握建筑施工图的目录识读方法	20					
熟悉建筑施工图设计说明识读内容	15					
掌握建筑施工图设计说明识读方法	20					
工作态度	10					
工作质量	5					
协调能力	5					
职业素质	5					
创新意识	5					
合计	100					

3. 教师对学生工作过程与结果进行评价，将评价结果填入表 9-2-3。

教师综合评价表   表 9-2-3

班级： 姓名： 学号：				
任务 9.2	建筑施工图目录及设计说明			
评价项目	评价标准		分值	得分
建筑施工图的目录	熟悉建筑施工图的目录识读内容		15	
	掌握建筑施工图的目录识读方法		20	
建筑施工图的设计说明	熟悉建筑施工图设计说明识读内容		15	
	掌握建筑施工图设计说明识读方法		20	
工作态度	态度端正，无无故缺席、迟到、早退现象		10	
工作质量	能按计划完成工作任务		5	
协调能力	与小组成员、同学之间能合作交流、协调工作		5	
职业素质	能做到保护环境、爱护公共设施		5	
创新意识	通过本小组工作任务，能够熟练识读建筑施工图目录及设计说明		5	
合计			100	
综合评价	自评（20%）	互评（30%）	教师评价（50%）	综合得分

任务相关知识点

工程项目均宜有总目录，用于查阅图纸和报建使用，专业图纸目录放在各专业图纸前。

一、建筑施工图目录的作用和顺序

建筑施工图目录的作用是为了便于查阅图纸，应排列在施工图纸的最前面。

新绘图目录编排顺序：施工图设计说明、总平面定位图（无总图子项时）、平面图、立面图、剖面图、放大平面图，各种详图等（一般包括平面详图，如卫生间、设备间、变配电间等；平面图、剖面详图，如楼电梯间、电梯机房等，还有墙身剖面详图、立面详图）。

从图纸目录中我们读出项目的名称、图纸指导的设计阶段、卷册的名称、图纸的数量、图纸设计和校审人、图纸完成的时间等。

在阅读图纸时可以通过查阅图纸目录中的图号及其对应的图名在施工图卷册中锁定对应的图纸进行阅读。

二、设计说明的内容

设计说明主要介绍设计依据、工程概况、主要工程做法及施工图未用图形表达的内容等，应结合具体工程所在地区的法律、法规和规定并突出重点。

任务 9.3 建筑总平面图

 任务概述

通过本节的学习，应掌握建筑总平面图的作用和内容。

 学习目标

1. 掌握建筑总平面图的形成、内容和作用；
2. 能够确定建筑总平面图的图示内容。

任务分组

班级		组号		指导教师		
组长		学号				
组员	姓名	学号	姓名	学号	姓名	学号
任务分工						

工作实施

建筑总平面图

引导问题：从下面的图纸目录中，我们可以得出：

1. 场地共有_____个出入口，其中主出入口位于_____面。

2. 幼儿园共有_____层，建筑高度是_____m。

3. 幼儿园的外包尺寸是长_____，宽_____。

建筑总平面图
的用途及形成

建筑总平面图
的识读

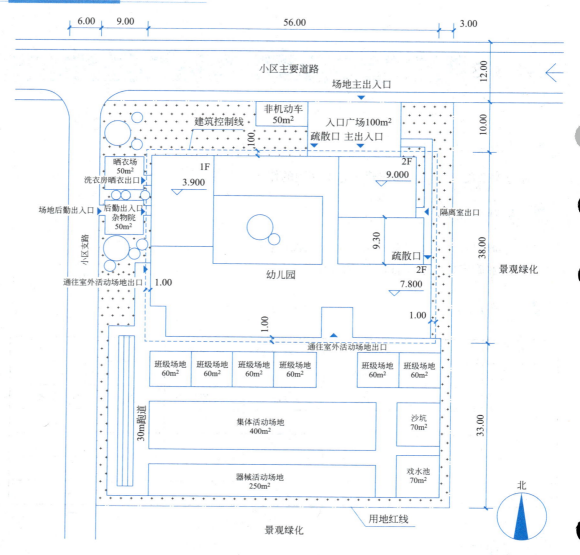

评价反馈

1. 学生进行自我评价，并将结果填入表 9-3-1。

学生自评表 表 9-3-1

班级：	姓名：	学号：		
任务 9.3		建筑总平面图		
评价项目		评价标准	分值	得分
建筑总平面图		掌握建筑总平面图的内容	15	
		熟悉建筑总平面图的用途	15	
		了解建筑总平面图形成的方法	10	
		掌握建筑总平面图识读的方法	30	

续表

工作态度	态度端正,无无故缺席、迟到、早退现象	10	
工作质量	能按计划完成工作任务	5	
协调能力	与小组成员、同学之间能合作交流、协调工作	5	
职业素质	能做到保护环境、爱护公共设施	5	
创新意识	通过本小组工作任务,能够确定建筑总平面图的图示内容	5	
合计		100	

2. 学生以小组为单位,对以上任务进行互评,将结果填入表 9-3-2。

学生互评表　　　　　　　　　　　　　　　　　　　　表 9-3-2

班级:　　　　　　小组:						
任务 9.3	建筑总平面图					
评价项目	分值	评价对象得分				
掌握建筑总平面图的内容	15					
熟悉建筑总平面图的用途	15					
了解建筑总平面图形成的方法	10					
掌握建筑总平面图识读的方法	30					
工作态度	10					
工作质量	5					
协调能力	5					
职业素质	5					
创新意识	5					
合计	100					

3. 教师对学生工作过程与结果进行评价,将评价结果填入表 9-3-3。

教师综合评价表　　　　　　　　　　　　　　　　　表 9-3-3

班级:　　　　姓名:　　　　　学号:			
任务 9.3	建筑总平面图		
评价项目	评价标准	分值	得分
建筑总平面图	掌握建筑总平面图的内容	15	
	掌握建筑总平面图的用途	15	
	了解建筑总平面图形成的方法	15	
	掌握建筑总平面图识读的方法	30	
工作态度	态度端正,无无故缺席、迟到、早退现象	10	
工作质量	能按计划完成工作任务	5	
协调能力	与小组成员、同学之间能合作交流、协调工作	5	
职业素质	能做到保护环境、爱护公共设施	5	

创新意识	通过本小组工作任务,能够确定建筑总平面图的图示内容			5	
综合评价	自评(20%)	互评(30%)	教师评价(50%)	综合得分	

 任务相关知识点

一、建筑总平面图的用途

总平面图是用来表示整个建筑基地的总体布局的图样,具体表达新建建筑物的平面形状、位置、朝向以及周围环境(如原有建筑物、交通道路、绿化和地形等)的情况。总平面图是新建房屋定位、放线以及布置施工现场的依据。

二、建筑总平面图的形成

将新建工程四周一定范围内的新建、拟建、原有和需拆除的建筑物、构筑物及其周围的地形、地物,用直接正投影法和相应的图例画出的图样,即建筑总平面布置图,简称总平面图。总平面图常用的比例为 1:500、1:1000、1:2000。

三、建筑总平面图的识读（图 9-3-1）

1. 新建筑物。

拟建房屋,用粗实线框表示,并在线框内用数字表示建筑层数或高度。其余如拆除房屋轮廓、道路等均用细实线。

2. 新建建筑物的定位。

总平面图主要任务是确定新建建筑物位置,通常是利用原有建筑物、道路等来定位。

3. 新建建筑物的室内外标高。

我国把青岛市外的黄海海平面作为零点所测定的高度尺寸,称为绝对标高。在总平面图中,用绝对标高表示高度数值,单位为米。

4. 相邻有关建筑、拆除建筑的位置或范围。

原有建筑用细实线框表示,并在线框内,也用数字表示建筑层数。拟建建筑物用虚线表示。拆除建筑物用细实线表示,并在其细实线上打叉。

5. 总平面图上的尺寸应标注新建房屋的总长、总宽及与周围房屋或道路的间距。

6. 附近的地形地物,如等高线、道路、水沟、河流、池塘、土坡等。

7. 指北针和风向频率玫瑰图。

新建房屋的朝向,可在图纸的适当位置绘制指北针来表示。指北针的指针方向为北向。

新建房屋的风向,可在图纸的适当位置绘制风向频率玫瑰图(简称"风玫瑰图")来表示。

8. 绿化规划、管道布置。

9. 道路(或铁路)和明沟等的起点、变坡点、转折点、终点的标高与坡向箭头。

以上内容并不是在所有总平面图上都是必须的,可根据具体情况加以选择。

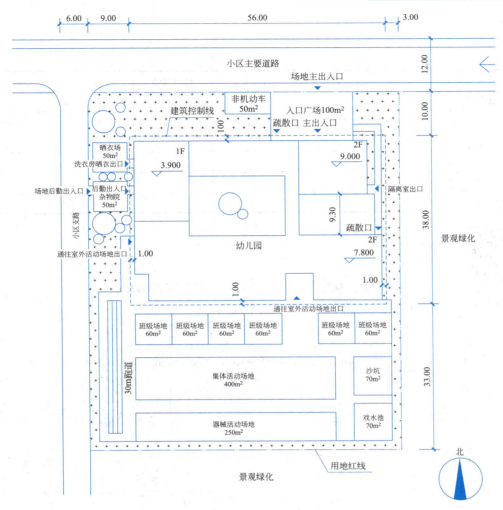

图 9-3-1 总平面图

任务 9.4 建筑平面图

 任务概述

通过本节的学习，应掌握建筑平面图的作用和内容。

 学习目标

1. 掌握建筑平面图的形成、内容和作用；
2. 能够识读建筑平面图。

任务分组

班级		组号		指导教师	
组长		学号			
组员	姓名	学号	姓名	学号	姓名	学号
任务分工						

建筑施工图
平面图识读

工作实施

引导问题：从下面的图纸目录中，我们可以得出：

1. 该图是建筑_____层平面图。

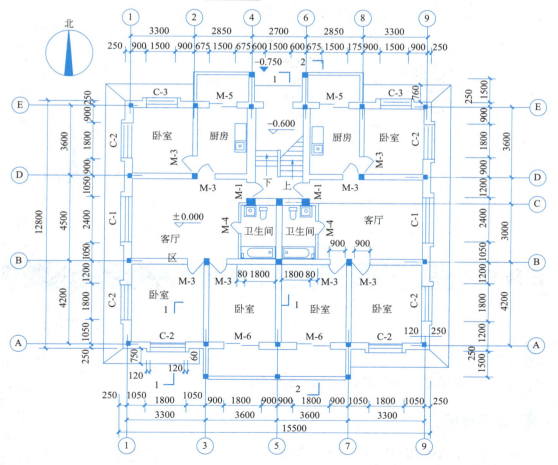

2. 该建筑的室内外高差为＿＿＿＿＿＿＿＿。

3. 该建筑的长是＿＿＿＿＿＿，宽是＿＿＿＿＿＿。

4. 该建筑共绘制了＿＿＿＿个剖面图。

5. 该建筑的总入口朝向＿＿＿＿方。

6. "C-3"表示＿＿＿＿，其宽为＿＿＿＿。

 评价反馈

1. 学生进行自我评价，并将结果填入表 9-4-1。

学生自评表　　　　　　　　　　　　　　　　　　表 9-4-1

班级：　　　　姓名：　　　　　学号：			
任务 9.4	建筑平面图		
评价项目	评价标准	分值	得分
建筑平面图的作用	掌握建筑平面图的作用和形成	15	
建筑平面图的识读	掌握建筑平面图识读的方法	20	
	掌握识读一层平面图	10	
	掌握识读标准层平面图	10	
	掌握识读顶层平面图	10	
	掌握识读屋顶平面图	10	
工作态度	态度端正，无无故缺席、迟到、早退现象	5	
工作质量	能按计划完成工作任务	5	
协调能力	与小组成员、同学之间能合作交流、协调工作	5	
职业素质	能做到保护环境、爱护公共设施	5	
创新意识	通过本小组工作任务，能够识读建筑平面图	5	
合计		100	

2. 学生以小组为单位，对以上任务进行互评，将结果填入表 9-4-2。

学生互评表　　　　　　　　　　　　　　　　　　表 9-4-2

班级：　　　　小组：					
任务 9.4		建筑平面图			
评价项目	分值	评价对象得分			
掌握建筑平面图的作用和形成	15				
掌握建筑平面图识读的方法	20				
掌握识读一层平面图	10				
掌握识读标准层平面图	10				
掌握识读顶层平面图	10				
掌握识读屋顶平面图	10				

续表

工作态度	5				
工作质量	5				
协调能力	5				
职业素质	5				
创新意识	5				
合计	100				

3. 教师对学生工作过程与结果进行评价，将评价结果填入表9-4-3。

教师综合评价表 表 9-4-3

班级：　　姓名：　　学号：

任务9.4	建筑平面图		
评价项目	评价标准	分值	得分
建筑平面图的作用	掌握建筑平面图的作用和形成	10	
建筑平面图的识读	掌握建筑平面图识读的方法	20	
	掌握识读一层平面图	10	
	掌握识读标准层平面图	10	
	掌握识读顶层平面图	10	
	识读屋顶平面图	10	
工作态度	态度端正，无无故缺席、迟到、早退现象	10	
工作质量	能按计划完成工作任务	5	
协调能力	与小组成员、同学之间能合作交流、协调工作	5	
职业素质	能做到保护环境、爱护公共设施	5	
创新意识	通过本小组工作任务，能够识读建筑平面图	5	
合计		100	
综合评价	自评(20%)	互评(30%)	教师评价(50%)	综合得分

任务相关知识点

一、建筑平面图的作用和形成

1. 建筑平面图的形成

建筑平面图的形成

建筑平面图实际上是房屋的水平剖面图（除屋顶平面图外），即假想用水平的剖切平面在窗台上方将房屋剖开（图9-4-1），移去剖切平面以上部分后，剩余部分在水平面上的正投影图。

2. 建筑平面图的作用

建筑平面图反映新建建筑的平面形状，房间的位置、大小、布置情况，墙体的位置、厚度、材料，柱的截面形状与尺寸大小，门窗的位置及类型。

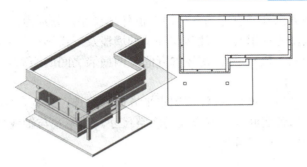

图 9-4-1　建筑平面图的形成

建筑平面图是施工放线、砌墙、安装门窗、室内外装修及编制工程预算的重要依据，是建筑专业施工图中最重要、最基本的图纸。

建筑平面图也是其他专业进行相关设计与制图的主要依据，其他图（如立面图、剖面图及某些详图）多是以平面图为依据绘制和深化而成，其他专业对建筑的技术要求也主要在平面图中表示（如结构墙厚、柱子断面尺寸、设备定位、管道竖井尺寸、留洞、地沟、明沟等）。

二、建筑平面图的识读

建筑平面图主要用于表示建筑物的平面形状、水平方向各部分的布置情况和组合关系。换言之，在平面图中可以看到各房间的大小和水平方向各部分的分隔及联系（如出入口、房间、走廊、楼梯等的布置关系），以及各类构配件的尺寸或其他必要尺寸。

若一幢多层建筑的各层平面布置都不相同，应画出各层的建筑平面图，如一层、二层……顶层平面图；若有两层或更多层的平面布置相同，这几层可以合用一个建筑平面图，如二、三层平面图，标准层平面图（住宅、酒店、写字楼等）。

1. 平面图识读

一层（底层，地下层除外）平面图是房屋本层相应的水平投影，以及与本栋房屋有关的台阶、花坛、水池、散水（排水作用）等的投影。我们可以识得：指北针、出入口、楼梯、剖切号、标高、房间名等。

各层平面图

二层平面图除画出房屋二层范围的投影内容外，还应画出底层平面图无法表达的雨篷、阳台、窗楣等内容，对于底层已经表达清楚的台阶、花池、散水等内容就不用画出。三层及以上平面图只需画出本层的投影内容及下一层无法表达的雨篷、窗楣等内容。

屋顶平面图是楼顶的俯视图，用于表明屋顶的平面形状、屋面坡度、排水方向、天沟位置、排水管位置、女儿墙和屋脊线、烟囱等设施。

2. 轴号与尺寸标注

建筑平面图中，采用轴线网格划分平面。定位轴线是确定房屋主要承重构件（墙、柱、梁）位置及标注尺寸的基线。

水平方向轴线从左到右用阿拉伯数字依次连续编为①、②、③……竖直方向轴线自下而上用大写拉丁字母依次连续编为Ⓐ、Ⓑ、Ⓒ……注：字母 I、O、Z 因与数字 1、0、2 相似，不可作为轴线编号附加轴线。

一般承重墙柱及外墙等被编为主轴线，非承重墙、隔墙等被编为附加轴线（又叫"分轴线"）。以分母表示前一轴线的编号，分子表示附加轴线的编号，编号采用阿拉伯数字按顺序编写。

平面图上在水平方向和竖直方向各标注三道外部尺寸，分别为：

第一道尺寸（最里边一道）：标注房屋外墙的墙段及门窗洞口尺寸，称为细部尺寸。

第二道尺寸（中间一道）：标注房屋的开间（两横墙之间的距离）、进深（两纵墙之间的距离），称为轴线尺寸。

第三道尺寸（最外边一道）：标注房屋水平方向的总长、总宽，称为总尺寸。

内部尺寸：应标出各房间长、宽方向的净空尺寸，墙厚及与轴线之间的关系、柱子截面、房屋内部门窗洞口、门垛等细部尺寸。

3. 门窗和标高

平面图中门的名称代号为"M"，床窗为"C"。识读时，根据图纸上门窗编号搜索图纸设计说明中的门窗表查得门窗的尺寸。

平面图中应标注不同楼地面标高及室外地坪等标高。标高数字以 m 为单位，注写到小数点后三位（总平面图为小数点后两位）。

平面图中除总平面外，一般都采用相对标高，以该建筑物底层室内地坪为零点。在建筑施工图中，在标准层平面图中，同一位置可同时标注几个标高（例如：±0.000、−0.450、3.600）。

任务 9.5　建筑立面图

 任务概述

通过本节的学习，应掌握建筑立面图包含的内容；能从立面图中获得相应的信息、指导建筑施工图识读。

 学习目标

1. 掌握建筑立面图的表达、内容与作用；
2. 能够熟练识读建筑立面图。

 任务分组

班级		组号		指导教师		
组长		学号				
组员	姓名	学号	姓名	学号	姓名	学号
任务分工						

工作实施

引导问题：从下面的建筑立面图中，我们可以得出：

1. 该建筑的室内外高差为_____；

2. 该建筑高度为_____；

3. 该建筑外墙装饰材料有_____；立面色彩是_____；

4. 该建筑一层窗台标高为_____；

5. 该建筑立面图的命名方式是_____。

建筑施工图
立面图识读

建筑立面图的
识读

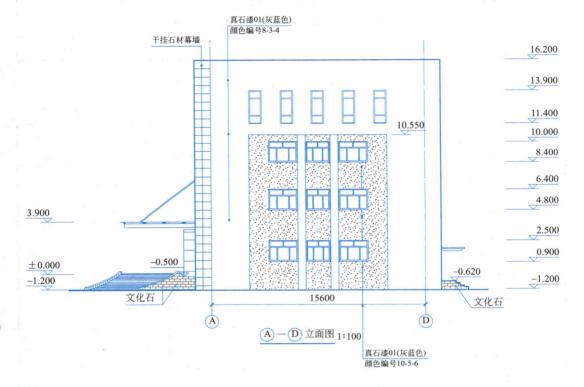

A—D 立面图 1:100

评价反馈

1. 学生进行自我评价，并将结果填入表 9-5-1。

学生自评表　　　　　　　　　　　　　　　　　　表 9-5-1

班级：　　　姓名：　　　　　学号：			
任务 9.5	建筑立面图		
评价项目	评价标准	分值	得分
建筑立面图的作用	掌握建筑立面图的作用和形成	15	

建筑立面图的识读	掌握建筑立面图识读的方法	20	
	掌握识读正立面图的方法	15	
	掌握识读侧立面图的方法	10	
	掌握识读背立面图的方法	10	
工作态度	态度端正，无无故缺席、迟到、早退现象	10	
工作质量	能按计划完成工作任务	5	
协调能力	与小组成员、同学之间能合作交流、协调工作	5	
职业素质	能做到保护环境、爱护公共设施	5	
创新意识	通过本小组工作任务，能够熟练识读建筑立面图	5	
合计		100	

2. 学生以小组为单位，对以上任务进行互评，将结果填入表9-5-2。

学生互评表　　　　　　　　　　　　　　　　　　　　　　表 9-5-2

班级：　　　　小组：						
任务 9.5		建筑立面图				
评价项目	分值	评价对象得分				
理解建筑立面图的作用和形成	15					
掌握建筑立面图识读的方法	20					
掌握识读正立面图的方法	15					
掌握识读侧立面图的方法	10					
掌握识读背立面图的方法	10					
工作态度	10					
工作质量	5					
协调能力	5					
职业素质	5					
创新意识	5					
合计	100					

3. 教师对学生工作过程与结果进行评价，将评价结果填入表9-5-3。

教师综合评价表　　　　　　　　　　　　　　　　　　　表 9-5-3

班级：　　　　姓名：　　　　学号：			
任务 9.5	建筑立面图		
评价项目	评价标准	分值	得分
建筑立面图的作用	掌握建筑立面图的作用和形成	15	

续表

建筑立面图的识读	掌握建筑立面图识读的方法	20	
	掌握识读正立面图的方法	15	
	掌握识读侧立面图的方法	10	
	掌握识读背立面图的方法	10	
工作态度	态度端正,无无故缺席、迟到、早退现象	10	
工作质量	能按计划完成工作任务	5	
协调能力	与小组成员、同学之间能合作交流、协调工作	5	
职业素质	能做到保护环境、爱护公共设施	5	
创新意识	通过本小组工作任务,能够熟练识读建筑立面图	5	
合计		100	

| 综合评价 | 自评(20%) | 互评(30%) | 教师评价(50%) | 综合得分 |
| | | | | |

 任务相关知识点

一、建筑立面图的形成

建筑立面图的形成

建筑立面图是建筑各个墙面的正投影图,主要用来表达房屋的外部造型、门窗位置及形式,外墙面装修、阳台、雨篷等部分的材料和做法等。

对于形状不规则的建筑物,可按不同方向分别绘制立面图,也可将与基本投影面不平行的立面旋转至平行位置,再按正投影法绘制立面图,但均应在图名后加注"展开"两字。

二、立面图的命名

立面图的命名通常有三种方式:一是用建筑平面图中的首尾轴线命名。在施工图中,每一立面图应绘注两端的轴线号如①～⑩立面图,Ⓐ～Ⓓ立面图。二是用朝向命名,即:正东、南、西、北向的立面直接按方向命名。三是按外貌特征命名为:正立面图、背立面图、侧(左右)立面图。

三、建筑立面图内容

建筑立面图应绘出建筑物外墙面上所有门窗、雨篷、檐口、壁柱、窗台、窗楣及底层入口处的台阶、花池等的投影。

由于比例较小,立面图上的门、窗等构件可用图例表示。相同的门窗、阳台、外檐装修、构造做法等可做局部重点表示,绘出其完整图形,其余部分可只画轮廓线。

我们可从立面图中读出建筑的总高度、楼层数、标高、关键控制标高(女儿墙、檐口)、外墙的留洞应标注尺寸与标高或高度尺寸;图纸名称、比例;外墙身详图、外装修用料、颜色、立面分格及做法或详图索引;平面图无法表示清楚的窗、进排气口等;附墙水落管和爬梯等。见图 9-5-1 建筑立面图。

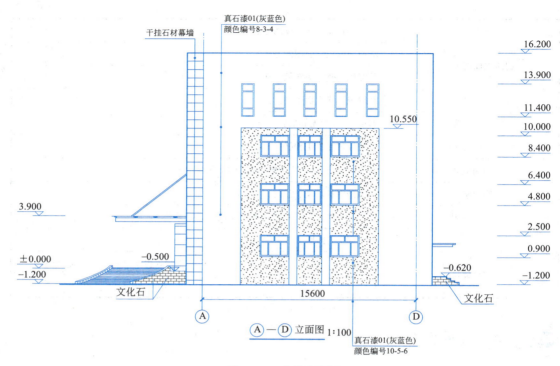

图 9-5-1　建筑立面图

任务 9.6　建筑剖面图

 任务概述

　　通过本节的学习，应掌握建筑立面图包含的内容；能从立面图中获得相应的信息、指导建筑施工图识读。

 学习目标

　　1. 掌握建筑立面图的表达、内容与作用；
　　2. 能够熟练识读建筑立面图。

 任务分组

班级		组号		指导教师		
组长		学号				

组员	姓名	学号	姓名	学号	姓名	学号
任务分工						

 工作实施

引导问题：从下面的建筑剖面图中，我们可以得出：

（1）该建筑的室内标高为_____；

（2）该建筑的屋面形式为_____；找坡形式是_____；

（3）该建筑共_____层；其中第三层的层高为_____；

（4）该建筑的高度是_____；

（5）该建筑的结构形式是_____。

建筑施工图剖面图识读　建筑剖面图的识读

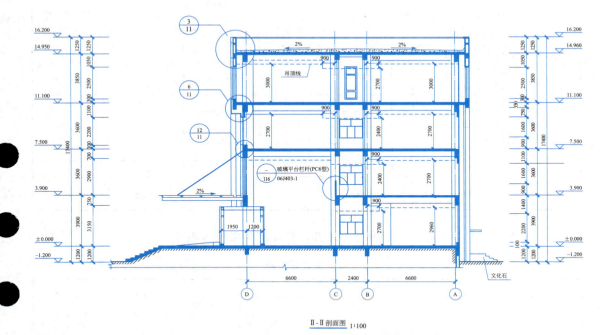

Ⅱ-Ⅱ剖面图 1:100

 评价反馈

1. 学生进行自我评价，并将结果填入表 9-6-1。

学生自评表 表 9-6-1

班级：	姓名：	学号：		
任务 9.6	建筑剖面图			
评价项目	评价标准	分值	得分	
建筑剖面图的作用	掌握建筑剖面图的作用和形成	15		
建筑剖面图的识读	掌握建筑剖面图识读的方法	20		
	掌握建筑剖面图的尺寸识读	15		
	掌握建筑剖面图的材料识读	10		
	掌握建筑剖面图的节点识读	10		
工作态度	态度端正，无无故缺席、迟到、早退现象	10		
工作质量	能按计划完成工作任务	5		
协调能力	与小组成员、同学之间能合作交流、协调工作	5		
职业素质	能做到保护环境、爱护公共设施	5		
创新意识	通过本小组工作任务，能够熟练识读建筑剖面图	5		
合计		100		

2. 学生以小组为单位，对以上任务进行互评，将结果填入表 9-6-2。

学生互评表 表 9-6-2

班级：	小组：					
任务 9.6		建筑剖面图				
评价项目	分值	评价对象得分				
掌握建筑剖面图的作用和形成	15					
掌握建筑剖面图识读的方法	20					
掌握建筑剖面图的尺寸识读	15					
掌握建筑剖面图的材料识读	10					
掌握建筑剖面图的节点识读	10					
工作态度	10					
工作质量	5					
协调能力	5					
职业素质	5					
创新意识	5					
合计	100					

3. 教师对学生工作过程与结果进行评价，将评价结果填入表 9-6-3。

教师综合评价表 表 9-6-3

班级：	姓名：	学号：		
任务 9.6	建筑剖面图			
评价项目	评价标准	分值	得分	
建筑剖面图的作用	掌握建筑剖面图的作用和形成	15		
建筑剖面图的识读	掌握建筑剖面图识读的方法	20		
	掌握建筑剖面图的尺寸识读	15		
	掌握建筑剖面图的材料识读	10		
	掌握建筑剖面图的节点识读	10		

续表

工作态度	态度端正,无无故缺席、迟到、早退现象	10	
工作质量	能按计划完成工作任务	5	
协调能力	与小组成员、同学之间能合作交流、协调工作	5	
职业素质	能做到保护环境、爱护公共设施	5	
创新意识	通过本小组工作任务,能够熟练识读建筑剖面图	5	
合计		100	
综合评价	自评(20%)	互评(30%)	教师评价(50%)	综合得分

任务相关知识点

建筑剖面图主要是用来表达房屋内部的结构形式、沿高度方向分层情况、各层构造做法、门窗洞口高、层高及建筑总高等。它与建筑平面图、立面图相配合,是建筑施工图中不可缺少的重要图样之一。

一、建筑剖面图的形成

剖面图是建筑物的竖向剖视图,按直接正投影法绘制。它主要表示以下内容:建筑实体切面(如墙体、梁、板、楼面、楼梯、屋面板层等),标注必要的相关尺寸和标高。

建筑剖面图的形成

投影方向可见的建筑构造和构配件(如门、窗、洞口、梁、柱、室外花坛、坡道等)。

投影方向还可以看到室外局部立面,其他立面图没有表示时,本张立面图可以表达出局部立面。

二、剖面图的内容与识读

从剖面图中可读出墙、柱、轴线和轴线编号、剖切到或可见的主要结构和建筑构造部件、高度尺寸、标高、节点构造详图索引号、图纸名称、比例等。

1. 剖切位置及剖视方向

剖面图的剖切位置标注在同一建筑物的底层平面图上。剖切位置应在平面图上选择能反映建筑物全貌、构造特征以及有代表性的部位剖切,常选择在楼梯间并通过需要剖切的门、窗洞口位置。

剖面图的图名与平面图上标注的剖切符号编号一致。

2. 比例与材料做法

建筑剖面图的比例与平面图、立面图一致,通常采用 1∶50、1∶100、1∶200 的比例绘制,剖面图中的门、窗等构件也可以采用图例来表示。在剖面图比例大于 1∶50 时,可以从剖面图中识读剖切到的屋面、楼面、墙体、梁等的轮廓、材料做法及构造层次。

3. 标注

从剖面图上可以读出建筑物的尺寸。

在竖直方向通常有三道尺寸标注:第一道(最里边一道):细部尺寸(房屋室内外高差、门窗洞口高度、垂直方向窗间墙、窗下墙高、檐口高度)。第二道(中间一道):层高尺寸。第三道（最外边一道）：建筑的总高尺寸。

在水平方向上可以识读出剖到的墙、柱及两端的轴线编号、轴线间距。

在竖直方向上还可识读出的标高标注包括建筑物的室内外地坪、各层楼面、门窗洞的上下口及墙顶等处的标高。

由于剖面图比例较小，某些部位（墙角、窗台、过梁等节点）不能详细表达，可在剖面图上该部位处标注详图索引标志，另附详图来表示其细部构造尺寸。

任务 9.7　建筑详图

 任务概述

通过本节的学习，应掌握建筑详图的形成、内容和作用；能从建筑详图中获得相应的信息、指导建筑施工图识读。

 学习目标

1. 掌握建筑详图的形成、内容和作用；
2. 能够识读建筑详图。

 任务分组

班级		组号		指导教师		
组长		学号				
组员	姓名	学号	姓名	学号	姓名	学号
任务分工						

 工作实施

建筑施工图
详图识读

引导问题 1：下图中根据 $\frac{3}{11}$ 本卷册 中的索引符号表示该节点索引到___ _____卷册，第_____张图，第_____号节点。

引导问题 2：下图中右图为_____图，途中每一跑楼梯共有_____个踏步，踏步宽度为_____。

引导问题 3：下图中窗子是_____开窗，洞口尺寸是_____。

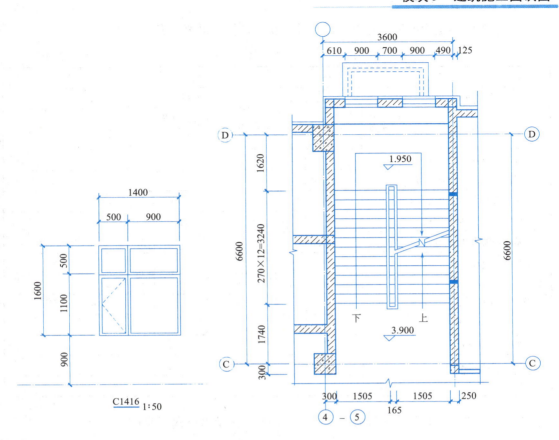

 评价反馈

1. 学生进行自我评价，并将结果填入表 9-7-1。

学生自评表

表 9-7-1

班级：	姓名：	学号：		
任务 9.7		建筑详图		
评价项目	评价标准		分值	得分
建筑详图的内容	熟悉建筑详图的内容		10	
建筑详面图的识读	掌握建筑详图识读的方法		20	
	掌握楼梯大样图识读		10	
	掌握卫生间大样图识读		10	
	掌握门窗大样图识读		10	
	掌握其他节点大样图识读		10	
工作态度	态度端正,无无故缺席、迟到、早退现象		10	
工作质量	能按计划完成工作任务		5	
协调能力	与小组成员、同学之间能合作交流、协调工作		5	
职业素质	能做到保护环境、爱护公共设施		5	
创新意识	通过本小组工作任务,能够识读建筑详图		5	
合计			100	

2. 学生以小组为单位，对以上任务进行互评，将结果填入表 9-7-2。

学生互评表　　　　　　　　　　　　　　表 9-7-2

班级：　　　　小组：					
任务 9.7		建筑详图			
评价项目	分值	评价对象得分			
熟悉建筑详图的内容	10				
掌握建筑剖面图识读的方法	20				
掌握楼梯大样图识读	10				
掌握卫生间大样图识读	10				
掌握门窗大样图识读	10				
掌握其他节点大样图识读	10				
工作态度	10				
工作质量	5				
协调能力	5				
职业素质	5				
创新意识	5				
合计	100				

3. 教师对学生工作过程与结果进行评价，将评价结果填入表 9-7-3。

教师综合评价表　　　　　　　　　　　　　　表 9-7-3

班级：　　姓名：　　　　学号：				
任务 9.7	建筑详图			
评价项目	评价标准		分值	得分
建筑详图的内容	熟悉建筑详图的内容		10	
建筑详面图的识读	掌握建筑剖面图识读的方法		20	
	掌握楼梯大样图识读		10	
	掌握卫生间大样图识读		10	
	掌握门窗大样图识读		10	
	掌握其他节点大样图识读		10	
工作态度	态度端正，无无故缺席、迟到、早退现象		10	
工作质量	能按计划完成工作任务		5	
协调能力	与小组成员、同学之间能合作交流、协调工作		5	
职业素质	能做到保护环境、爱护公共设施		5	
创新意识	通过本小组工作任务，能说出学校坡屋面各细部构造的位置及做法		5	
合计			100	
综合评价	自评(20%)	互评(30%)	教师评价(50%)	综合得分

任务相关知识点

由于建筑平面图的比例较小，各层平面图中的卫生间、楼梯间、门窗等都用常用图例来表达，而相应的详细情况则另用较大比例的详图来表达。

一、索引标志

1. 详图索引标志（索引符号）

详图索引标志标注在需要画出详图的位置附近，并用引出线引出，表示建筑平、立、剖面图中的某个部位需另画详图表示。详图索引标志圆圈中的分母表示详图绘制所在的图纸编号，当分母为横线时，表示详图绘制在本张图纸上；分子表示详图编号。J103 表示该索引详图选用的标准图集编号为 J103。见图 9-7-1。

2. 局部剖面详图索引标志

局部剖面详图索引标志是在索引符号引出线的一侧加画一条短粗实线表示剖切位置，表示索引的详图为局剖面（或断面）的详图，短粗实线所在的一侧视为剖视方向。见图 9-7-2。

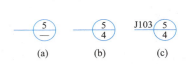

图 9-7-1 详图索引标志

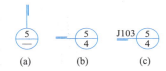

图 9-7-2 局部剖面详图索引标志

二、楼梯间详图

楼梯详图通常包含楼梯平面放大图和楼梯剖面放大图。楼梯剖面详图的剖切位置常选择在通过第一跑梯段及门窗洞口的地方，并向未剖到的第二跑梯段方向投影。

从楼梯详图中我们可以识读到水平方向标注：被剖切到墙的轴线编号、轴线尺寸、中间平台宽、梯段长和宽，踏步的宽度和个数等。竖直方向标注：被剖切到墙的墙段、门窗洞口尺寸、梯段高度、层高尺寸等。如图 9-7-3 所示。

三、卫生间详图

卫生间详图可以识读得到卫生器具的定位、尺寸、选用成品卫生器具时可直接套用图集、地面标高、找坡坡度、卫生间定位等。如图 9-7-4 所示。

四、门窗详图

门窗详图包含门窗立面图、节点详图。当采用标准门窗时不必绘制门窗详图，但需在门窗表中注明所选用的标准图集代号及门窗图号。如图 9-7-5 所示。

非标准门窗必须画出门窗详图，比例采用 1∶10、1∶20、1∶50 的比例。如图 9-7-6 所示。

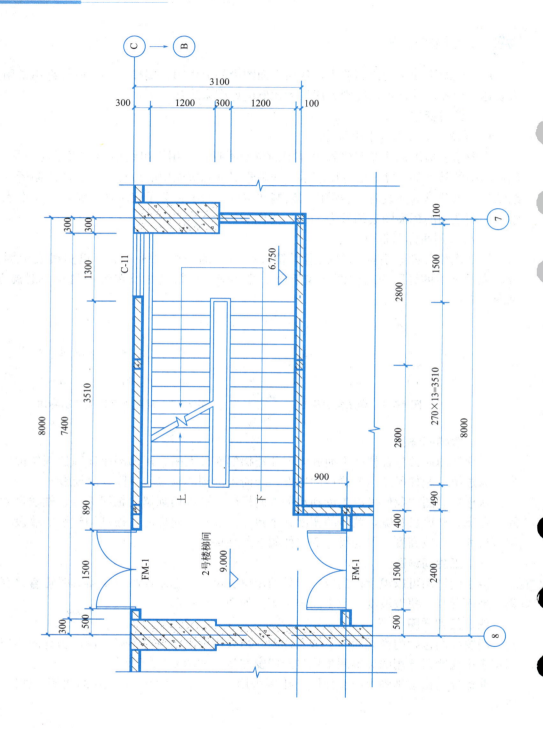

9.000m层平面图 1:50

图 9-7-3　楼梯间详图（一）

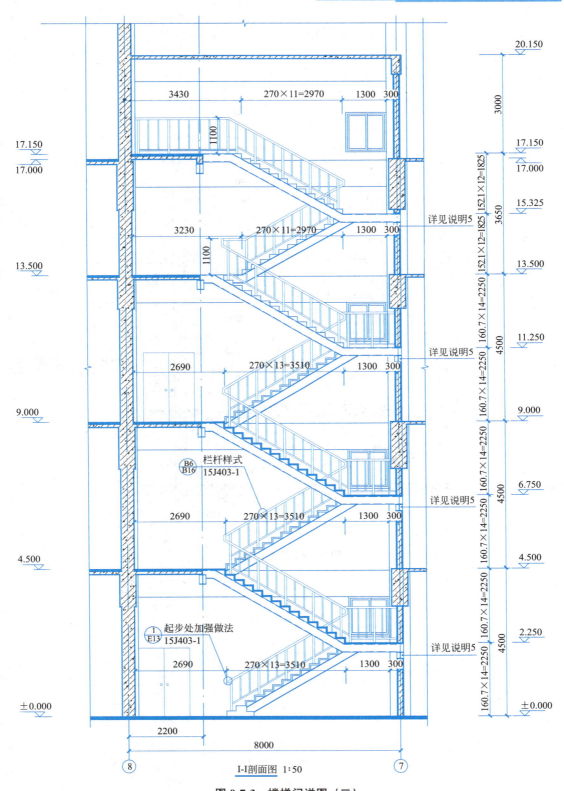

I-I剖面图 1:50

图 9-7-3　楼梯间详图（二）

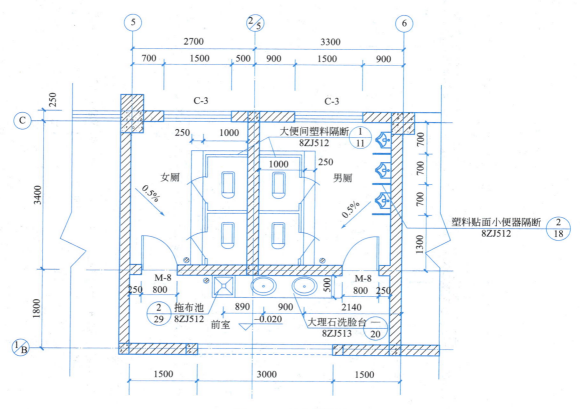

图 9-7-4　卫生间详图

门窗一览表

类别	编号	名称	所在图集及编号	洞口尺寸(mm)		数量	雨篷、过梁及门槛标准图集及编号	备注
				宽	高			
防火门	FM丙0721	丙级木质防火门	安装及性能详见图集12J609《防火门窗》	700	2100	13	参照13G322-3 GL-2102H	注1门槛高200
	FM丙1221	丙级木质防火门		1200	2100	2	参照13G322-3 GL-2122H	注1门槛高200
	FM甲1021	甲级木质防火门		1000	2100	1	参照13G322-3 GL-2102H	注1
	FM甲1521	甲级木质防火门		1500	2100	1	参照13G322-3 GL-2152H	注1
	FM甲1524	甲级木质防火门		1500	2400	1	参照13G322-3 GL-2152H	注1
平开门	M0921	木质平板门	—	900	2100	21	参照13G322-3 GL-2102H	注1
	M1521	保温平板门		1500	2100		参照13G322-3 GL-2152H	注1
断桥铝合金玻璃门	MC1	玻璃平板门	—	3175	2100	2	结构梁	
	MC2	玻璃门斗	—	10200	3150	1	钢结构	
断桥铝合金窗(60系统)	C0925	内平开窗	安装及性能详见图集16J607《建筑节能门窗》	900	2500	110	参照13G322-3 GL-2102H	注1
	C1316	内平开窗		1300	1600	6	结构梁	
	C1416	内平开窗		1400	1600	6	结构梁	
	C1422	内平开窗		1400	2200	6	结构梁	
	C1422B	内平开窗		1400	2200	3	结构梁	
	C1816	内平开窗		1800	1600	3	结构梁	
	C2116	内平开窗		2100	1600	12	结构梁	
	C1516A	内平开窗		1500	1600	48	结构梁	
	C1516Ac	内平开窗		1500	1600	48	结构梁	
	C1429	固定窗		1400	2900	6	结构梁	50系列型材
	C1316a	内平开窗		1300	1600	6	结构梁	
	C1416a	内平开窗		1400	1600	6	结构梁	
	C1422b	内平开窗		1400	2200	3	结构梁	
	C1816a	内平开窗		1800	1600	6	结构梁	
	C1816b	内平开窗		1800	1600	1	结构梁	

注
1. 所选过梁梁宽190改为200，290分别改为250、300。
2. 与水平系梁同标高的过梁均现浇。
3. 所有门的制作、安装均需注意门的开启方式与设计统一。
4. 门窗均采用60系列型材，颜色均为深灰色，另有说明除外。
5. 中空玻璃为6+12A+6，安全玻璃，单层low-e玻璃(银灰色)。

图9-7-5　门窗图号

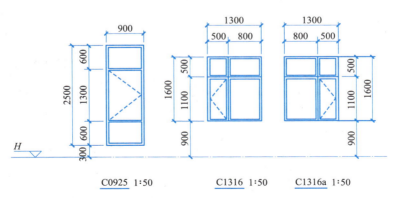

C0925　1:50　　　C1316　1:50　　　C1316a　1:50

图9-7-6　门窗大样图

参考文献

［1］谭晓燕．房屋建筑构造与识图［M］．北京：化学工业出版社，2023．

［2］郝峻弘．房屋建筑学［M］．北京：清华大学出版社，2015．

［3］舒秋华．房屋建筑学［M］．武汉：武汉理工大学出版社，2002．

［4］中华人民共和国住房和城乡建设部．建筑模数协调标准：GB/T 50002—2013［S］．北京：中国建筑工业出版社，2013．

［5］马琳．建筑构造与识图［M］．武汉：武汉理工出版社，2017．

［6］林晓东．建筑装饰构造［M］．天津：天津科学技术出版社，2005．

［7］姜大源．论高等职业教育课程的系统化设计［J］．中国高教研究，2009，4：66-70．